カント
地震の原因 他五編

田中 豊助・原田 紀子・大原 睦子
共 訳

内田老鶴圃

四聖人　釈迦・孔子・ソクラテス・カント
渡辺文三郎 画（井上信子氏の好意による）

ケーニヒスベルク博物館ハウスのカント記念室
(伏見譲氏の厚意による，1985 年)

訳者序文

カントは、プロイセン王国のケーニヒスベルク大学哲学部の教授で、真、善、美を説いた『純粋理性批判』『実践理性批判』『判断力批判』を書き著わした偉大な学者といわれている。この三批判書の前、彼は一七五五年のリスボンの地震と懸賞に触発され、最先端の自然科学の知識、情報を使い、地球に関する自然科学小論文『地球の軸回転の変化』『地球の老化』『地震の原因』『地震の報告』『続、地震の考察』『風の理論』を発表。これらは今なお解明されていない大きな課題である。そしてこれらの日本訳がこの本『カント・地震の原因他五編』である。

西周《にしあまね》は、徳川幕府の命により蕃書調所教授手伝並《なみ》の身分でオランダ留学の途についた、文久二年（一八六二年）六月十八日。ライデン大学に入り、三ヶ月オランダ語を学んだ後、フィセリング教授のもとで自然法、法学、経済学、国際法、統計学の五科目を学んだ。あわせてコントの実践哲学、ミルの帰納法、カントの哲学を好んで研究。西は慶応元年（一八六五年）十二月帰朝、開成所（元の蕃書調所）の教授手伝、ついで教授としてオランダで学んだ学問を講義、またオランダ語ヒロソヒエ Philosophie を「哲学」と日本訳。

明治になり、東京大学でアメリカ人フェノロサ、ドイツ人ケーベルが英語で哲学を講義。フェノロサが受持った哲学科学生は井上円了ただ一人という学期もあった。

世界大戦の終結に触発されて荒木俊馬は、カントの自然科学の著書『宇宙論』と小論文『地球の軸回転の変化』を日本訳、この訳書の出版は恒星社厚生閣一九五四年。

『地球の老化』『地震の報告』『続、地震の考察』『風の理論』は本書においてはじめて日本訳された。

『プロイセン王立科学アカデミー編纂、カント全集一九一〇年』を全く日本訳したとみられる『岩波書店、カント全集、全二二巻』が一九九九年十二月から出版発売されることになった。
カントが生涯を送ったプロイセン王国ケーニヒスベルクは、今ロシア連邦となっている。

田中豊助

目次

訳者序文……i
地球の軸回転の変化……*1*
地球の老化……*7*
地震の原因……*27*
地震の報告……*37*
続、地震の考察……*71*
風の理論……*79*
訳注……*93*
解説……*117*
索引……27
『地震の原因』原文……1

地球の軸回転の変化[1]

ベルリン王立科学アカデミーが本年度懸賞として提案した、地球は昼夜の交代を作り出すその軸の回転において、地球起源の始めのとき以来いくらか変化を受けたか、そしてそれをどこから確認できるかという問題の研究

王立科学アカデミーは、その本年度懸賞問題の機会に論争した諸論文について間もなく判定を公表するであろう。私はその主題について考察を試みた。そしてそこでは物理学のサイドのみから考究した。だから私は最近その考察の考えを作成しようとしていた。この主題はその性質から、賞を受けるに相応しい論文がそなえねばならない完全さの度合を、このサイドの上にもたらすには不適当であることを、私が見分けたからである。

アカデミーの主題は次のようになっている。地球は昼夜の交代を作り出すその軸の回転において、地球起源の始めのとき以来いくらか変化を受けたか、そしてそれをどこから確認できるか。ひとはこの問題を歴史的に追跡できる、巨大な年数の最も遠い時期以来の太古の記念物をみること、および彼らが、年の始めはすべての四季を通して変っていないことを守るために利用しなければならなかった閏《うるう》について、今の時代に決められた年の長さでもって、最も古い時期のそれが、今よりも、日数または時間数で多いかあるいは少ないかを比較することによって、一番目の場合は地軸の回転速度は減っているが、しかし二番目の場合は今までに増えている。私は自分の主題の中では歴史の助けによって光明を求めることをしない。歴史の記録は大層、曖昧《あいまい》であり、目下の問題に対する情報として余り頼りにならないと私はみる。だからそれらを自然の原理に一致させるために考え出される理論は、恐らく大変に捏造《ねつぞう》気味なものになるであろう。それ故、私はまた自然を直接つかまえよう、その結びつきの中に結果を明らかに指摘しよう、そして歴史から注目すべきことを正しいサイドに導くきっかけをつくることができるようにしよう。

地球は間断なくその軸の回りを一つの自由運動で旋回している。その運動は地球の誕生と同時に一度おし進められて以来ずっと変らない、そして障害またはそれを遅らせるとか早める外部からの原因がないならば、同じ速度と方向で全く無限の時間続いてゆくであろう。私は、この外部の原因が実際に存在しているということ、および、しかも地球の運動をだんだんと弱め、測ることができない長い期間にその旋回を全く消してしまう原因がねらっているということを明らかにするのを始める。将来いつか起こるはずのこの出来事は大変に重大そして驚異であるから、その完成の時点は大層はるか遠くにあるので、地球自体は存在し続ける能力があり、人間種属の存続は多分その時間の十分の一にも達しないとしても、それにもかかわらずなお前途にさし迫るこの運命が絶えず近づきつつあることは、驚嘆と研究の価値ある対象である。

もし宇宙空間が幾分か抵抗する物質で満たされているならば、そこでの地球の日々の旋回は、地球の速さがだんだんと喰われてついに使い果されてしまうような、止むことのない抵抗に出合うであろう。しかしながら今やニュートン[2]が、宇宙空間は軽い彗星の蒸気にさえ抵抗を受けない運動を許すほど無限に小さな抵抗をする物質[3]で満たされていると、納得のゆく仕方で説明されてからは、この抵抗について気づかうことは要らなくなった。抵抗が推定されないこれらの他に地球の運動に影響を与えることができる外部からの原因には、太陽と月の引力の他にはない。この引力は自然の普遍な連動機械なので、ニュートンは誰でも確かな信用がおける一つの信頼しうる根拠をここに与えて、明確にも疑いのない風《ふう》にその秘密を解いた。

もし地球がいかなる液体もない全くの堅い塊であるとするならば、太陽の引力でも月のでも地球の自由な軸回転を全く変えないであろう。何故ならこの引力は地球の東の部分ならびに西の部分をともに等しい力で引き、そしてそのため一方のサイドにも他方にも全く偏りを起こさない。それ故に引力は地球を、外部からのすべての影響がないかのように妨害されずに回転を続ける完全な自由におく。しかしながら一つの惑星の塊が著しい量の液状のエレメント(4)をなかに入れている場合においては、月と太陽の合成された引力は、この液状の物質を動かすことによって、その震動の一部を惑星に押しこむだろう。地球はこのような環境にある。その大量な水は、少なくとも地球表面の三分の一を被っている。そしていま注目している惑星のアトラクションによって絶え間なき運動のなかにいる。しかも軸回転にちょうど反対に向わされているサイドの方に。この原因がその旋回にいくらか変化を招く力があるかどうかを熟考するのは価値がある。この作用の最大の部分をもつ月の引力は、大洋の著しい量の水を絶え間なく高潮にし向ける。そしてこのことによって月の真下に当たる大洋上の点ならびに大洋上でそれと反対なサイドの点に向って水を流れさせ続け、そして高く上げることを努力する。そしてこの高潮の点は、東から西の方に移ってゆくから大洋の全容量の中でこの方向に絶えず流れ続くことを世界の海に伝えてゆく。航海者の経験はすでに早くからこの普遍な運動を疑いないとした。そしてそれは海峡と海湾において最も明らかに着目された。そこでは海水が、狭い路のため走らねばならないから、その速度を大きくする。この流れ続けることは地球の回転に反対になっているから、今やこのことが回転を弱くしそして減らすことに及ぶ限り努力しているのを確かに計算できる根拠を、われわれは手に入れる。

もしこの運動の緩慢さを地球の迅速さに、この海水の量の少なさを地球の巨大さに、そして前者の軽さを後者の重さに比べるならば、この運動の作用はほとんど無視されると思うのは本当だ。しかしながら、もしこれに対しこの衝動は止むことがない、昔から続いてきた、そして永遠に続くであろうこと、地球の回転は、その運動の量少量が補われることなく奪われるままになっているような自由運動であること、これに対し減らす原因は同じ強さで絶えず作用し続けることを熟考するならば、それでも不断に合計すると遂には最大の量も使い果たすはずという僅少な作用を解明するのはどこまでも価値がないとすることは、一人の哲学者にとって大変に不作法な判断となろう。

それに関して地球の軸回転に対し、東から西に向う大洋の間断なき運動を対抗させている作用の量をいくらか測ってみることができる。そこでアメリカの堅い大陸の東海岸に面する大洋が起こす襲撃だけを計算してみよう。同時にその範囲を二つの極にまで伸ばす。それによってアフリカの突き出た端による、またアジアの東海岸による、欠けている分を十分に補う。この申し立てている海洋の運動の速度は、赤道の下で一秒につき一フートとし、また二つの極へ向って緯度圏の移動と全く同じように減らされてゆくとし、最後に堅い大陸が水の襲撃に差し出す側面を垂直な深さに見積って高さ一〇〇トワーズ(5)（フランスの六フィート寸法）と仮定されるかも知れないとするならば、海がその運動によってこれに対抗する側面を圧する暴力は、一方の極から他方までの今考えている全側面の底面、けれど高さが$\frac{1}{124}$フートに等しい水物体の重量と同じになる。十万の十一倍の立方トワーズを含むこの水物体は、地球の巨大さに一二三兆倍も越される。そしてこの水物体の重量がつねに地球の運動に逆らって圧しているから、この抵抗が地球にその全運動を消耗させるまで、どれだけの時間が経過しなければならないかは容易に見出される。そこまでは二百万年が必要であろう(6)。もし満ち潮の速度はその終点まで同じであり、そして土壌を海水の物質と同じ密度と仮定するならば。これに基づくと、いま考えている消耗が余りに大きいほどには達していないほどほどな時期、例えば二千年で、一年の長さが今より$8\frac{1}{2}$時間小さく保たれねばならない[7]ほど遅滞はかなりな額に達する。軸回転が大変に緩やかになってしまうから。

さて毎日の運動の減衰は実際、次のため大きな短縮をうける。一、地球全体の塊の密度はここで決められたように水の比重と同じではない。二、満ち潮の速度は広がった沖で一秒につき一フートより比較にならぬほど小さいように見える。しかしこれに対してこの減る分は次によってあり余るほど補われる。一、地球の力はここで、赤道下の一点の速度で前に進む運動として計算されていたよりはるかに小さくて全くの軸回転である、その上、この自転する球体の表面に起こる抵抗は、球体の中心点からそこまでの距離のおかげで挺子《てこ》の技巧をもつので、これら二つの原因が重なって海水の襲撃は$\frac{5}{2}$にも大きくなる。それから二番目、動く大洋の作用は、ただ海の底の上に隆起するでこぼこ、堅い大地、島と岩礁に対して起こされるだけでなく、すべての海の底の上に及ぼされる。これはそれぞれの点の上では先の計算の垂直の襲撃の場合よりも比べることができないほど小さい額になるが、他方これが起きている範囲の巨大さのため$\frac{1}{8}$百万倍も越える驚くべき過剰でもって補われるはずである。

この東から西へ向かう永遠に続く海洋の運動は、実在する確かな暴力であるから、また地球の軸回転の減衰につねに少しずつ寄与する。そして長い期間にはその結果が間違いなく目立つようになるはずであることは、誰もがこれからは最早疑うことはできない。今度はこの仮説を支持するために歴史の証言が公正に連れ出されるべきである。しかしながら私は告白しなければならない。私は大変に真実であるように推定される出来事の足跡に出会うことはできない。そしてこの故に私のこの欠点を補うことができる人々に功績を譲りたいと。

もし地球が、絶え間ない足どりで旋回の静止に近づくと、その変化の期間は、この時、完結するだろう。もし月に相対する地球表面がそれぞれの静止になるならば、すなわち、もし地球が、その軸のまわりを、月が地球のまわりを走るのと同じ時間で回転するようになるならば、ただちにいつも同じサイドを月に向けるであろう。この状態は地球表面の一部を全く僅かな深さに被っている液体物質の運動によって地球にひき起こされる。もし地球がその中心点までどこまでも液状であるとするならば、月の引力は、全く短い時間に地球の軸回転をこの精緻《せいち》な聖なる遺物にしてしまうであろう。このことは同時にまた、月が地球のまわりの進行でつねに同じサイドを向けるように強要された原因をはっきりと説明してくれる。断じて、こちらを向く部分がよそを向く部分より重さ過剰ではなくして、月が地球のまわりを走るときとちょうど同じ時間に、実際には同じ型で自分の軸のまわりの月の旋回が、同一半面の万年公演を成就するのだ。このことから次を確信をもって結論したい。地球が月に及ぼす引力は、地球の塊がまだ液状であったようなその始源の生成の時に当時、多分、より大きい速度を与えられていたかも知れないこの副惑星の軸回転を、前に述べた仕方でこの精緻な聖なる遺物に成就させてしまったはずであると。このことからまた月は、地球が既に液体の状態をやめて堅い状態になった後この地球に付き添わされた晩期の天体であることが判断される。そうでないと月の引力は、この地球を短期間の間に、月がこの地球のためにこうむったのと同じあの運命に間違いなく導いてしまったであろうことになる。ひとはこの後の方の観察を宇宙の自然史の証拠の一つとみなすことができる。その中において宇宙の最初の状態、天体の創造および宇宙の構造の状況を表わしている記念物から組織的な関連の原因が決定されねばならない。地球の歴史には僅かしか含まれていない記念物が、多いというよりむしろ無限にあるとする考察は、このような広大な範囲の中で正に大変な信頼をもってつかまえられる、今日ひとがこの地球に関して考察を作成してきたように。私はこの主題に長い系列の考察を捧げた。そしてこの考察を一系統に結びつけた。それは、宇宙進化論(8)すなわち宇宙の構造の起源、天体の生成および天体の運動の原因をニュートン理論と一致した物質の普遍な運動法則からここに導く試論というタイトルの下に近く公刊されるであろう。

地球の老化[1]

地球は物理学的に考察して老化したか否かの問題

物事についてそれが古いのか、大層古いのか、あるいはまだ若いといえるのか知りたい場合、その物事が続いた年数でなくて、その年数とその物事が続くはずの年数の割合[2]を評価しなければならない。生物のある種のものにとっては当然、高令だとされる、その続いてきた年数は、他の種のものにとってはそうではない。菩提樹や樅《もみ》が老化して枯れてしまう間に、レバノンにある樫や杉はまだ成木の強さになっていない。神の創造物の寸法において年令の物差しに、人間がこの時代に過ぎ去った人類の線を使おうとするならば、人間は最も大きな誤りを犯す。フォントネル[3]にあるバラでもってその庭師の老いの年をおしはかる仕方で判断するというような事情にあることは憂慮すべきだ。バラたちは言った。わたしたちの庭師は大変、年とったひとだ。バラの記憶では彼はずっと同じだ、ほんとうに彼は死なない、変ることさえない。[4]創造物の造化のときにその化身の大きな鎖の環に出合わされそして無限に向って近づいてゆく持続ということを熟考するならば、地球が一足に持続する五千年、六千年の経過は恐らく、人間の一生に関わる一年にも当らないと確信するようになろう。

実をいうと、われわれは公開になっている記念物を全くもっていない。地球は今、完全な全盛にあるか、またはその力が衰微しているなかにあるかのように、若いか古いかをそれによって推定できるような。なるほど地球はそれが創生した時とその幼年期の時点をわれわれに明らかにしてくれた。しかし地球は今その持続の二つの終点つまり始まりの点か滅亡の点か何れに向って近づきつつあるのかわれわれは知らない。地球は老化し、そしてその力が少しずつ減少しながら滅亡に近づいているのか、あるいは地球はその力を減少しつつある老年期にあるのか、また地球の状態はなお繁栄のなかにあるのか、あるいは地球が発展するはずの完全に全く達していないで恐らく幼年期をも越えてはいないかを決めることは、実際、研究するに値する題目のように思われる。

われわれが、老いた人びとの嘆息を聞くとその老いの特徴がよく分かる。そしてひとは足取りが老いた人の老衰を示すことを認めることができる。天候は以前、良かった程には取り進まないであろうとよく云われている。自然の力は使い果たされる、自然の美しさと整然さは減少する。[5] 人間は以前よりも強くなっていることもないし年をとることにもなっていない。老衰はただ地球における自然の状態の中で注目すべきであるばかりでなく、これは道徳の状態にまで広がっているという話だ。古い美徳が衰えてしまうと新しい悪徳が代りに現われる。虚偽と欺瞞《ぎまん》が古い誠実さの地位を占める。この妄想は否定するほどの価値あるものではないが、誤りの結果でもあり利己の結果でもある。大変に思い上がっているしたたかな翁《おきな》たちは、天が自分たちに最も盛りの時期に光を当ててくれる配慮をされたと一途に思いこんでいて、自分たちの死後もまた生れた以前と同じように、この世が良く進んでゆくはずであることには納得できないでいる。この人たちが既に滅亡に近づいているこの世を去るのを後悔しないと、自分を納得させるために、この自然も自分たちと一緒に老衰してゆくと思いこむのかも知れない。

この自負がそうであるように、ただ一人の人間の年令を物差しにして、これで自然の年の数と持続期間を測ろうとするのは根拠がない。だがこの大地の状態に数千年の間には恐らくいくらかの変化が目立つようになるかも知れないというもう一つの推定は一見して同様な不合理であるとは思われない。ここでフォントネルの詩文から、昔の木は今よりも大きくなかったこと、人は今より年を取るのではなかったし、またより強くもなかったことを悟るには十分ではない。すなわちその詩文によって自然は年を取らないことを推論するのはやはり不十分であると私は言いたい。これらの性状は、自然の本質的な使命によって確固として自然につけられた制限をもっている。この制限はまた、自然の最も都合のよい状態および自然の全盛の繁栄をそれ以上に駆り立てることはできない。この制限に関してはすべての土地において全く区別がない。肥沃で最も良い方角にある土地が、この点では、痩《や》せた不毛の土地より優先を与えられることはない。しかしながら、もし古い時代の信頼できる情報と現時代の正確な観察とを比較することができる場合、肥沃さに少なからぬ差が認められるかどうか、土地が昔、人間種属の生活を支えるため僅かの世話をも必要としなかったかどうかが、解決されるならば、これは提出された問題に光明を期待すべきようにみえる。これはあたかも長い連続した鎖の最初の環を目の前におくようなことになろう。これによって地球が年を重ねる長い時間経過でどんな状態で次第に近づいてゆくかが分かるであろう。この比較はしかしながら大層、不確かであり、むしろ不可能だ。人間の勤勉さは土地の肥沃のため多大に努めるので、昔は大変栄えた国家であって今は全く過疎になっている土地の荒廃と衰退について、人間の勤勉さが怠慢になったことにか、または地球の老化にか、何れに最も大きい責任があるかを決めるのは困難だ。歴史の記念物における二つの条件に従ってこの問題を調べる技倆と好みをより多くもっている人にその研究をすすめたい。私はもっぱら自然科学者としてできるだけこちらのサイドから根本の見解に達するようこの研究を取り扱いたい。

地球の理論をつくった大抵の自然科学者の見解は、地球の肥沃さは徐々に減衰すること、この肥沃さはゆっくりした足取りで人が住めないそして乱雑に近づくこと、そして自然が全く老化してその力が減退しだんだん死滅してゆくのが分かるまでにはただ時間だけがかかるということを示している。この問題は重要でその結論へ慎重に迫ることは大いに骨折り甲斐《かい》がある。

そこで自然の力によって完全なものに造りあげられ、そしてエレメントの力によって変化される物体の老化に関してもっていなければならなかった概念をあらかじめ決めておこう。

事物の老化は外部からの強制する原因を根拠とする変化の過程のうちの一断面ではない。正に老化の原因は、それによって事物が完全なものになり、そこに支えられ、今度は目立たないほどの変化の度合で事物を改めて衰亡に近づけるのである。このことは事物が存在し続いてゆく中での自然の蔭であり、そして事物が遂には滅亡し崩壊しなければならないために、事物の完全がそれによってなされたという正に同じ原因の結果なのである。自然の存在物すべては次のようなメカニズムをもつ法則に支配されている。すなわちそのメカニズムは、はじめ存在物を完全にするのに働き、それが完全の点に達した後その物を変えるのに働き続けるから、存在物を最良の条件から徐々に遠ざけ、目につかないほどの足取りで遂にはそれを滅亡に引き渡す。この自然のやり方は明らかに植物界と動物界の摂理《せつり》の中にあらわれている。木を発育させる正にその成長力が木が成長を完了したとき今度はその木に死をもたらす。繊維と導管が最早、伸び拡がることができなくなったとき栄養になる樹液は、成分を同化し続け通路の内部をふさぐことと圧し縮めることをはじめる。そしてこの植物はこの樹液の妨げる運動のため遂には枯れ朽ちる。動物あるいは人間が生き続け生長するメカニズムそのものが、その生長が完全になったときに遂にそれを死に至らしめるのである。何故ならそのものを養い育てるのに役立つ栄養の液は、それが着いている動脈をそのとき最早、伸びなくしその容積を増さなくするので、栄養液の内部の穴が縮まり、その流動体の循環が妨げられその動物は発育が不全になりそして死に至るからである。地球の良い状態がゆっくりと衰えてゆくのはまた、はじめ地球の完全を成し遂げ、長い時間の経過においてのみ認められるように編みこまれている変化、まさにこの結果なのである。それ故われわれは、自然がその創生から完全になるまでを演ずる変化のシーンに一瞥《いちべつ》を与えねばならない、絶滅の最後の鎖の環がつながっている連続の全体の鎖を見渡すために。

地球はカオス(6)から生じたときには間違いなく液体の状態であった。地球の円い形のみならずその回転長円体の姿もまた、回転力によって変えられる重力の方向に対して地球表面はすべての点において垂直の位置をとることから、地球の塊がこの場合に釣合いが要求する形に自ら従うような素質の状態になっていたことを証明する。地球は液体の状態から固体の状態へ移っていった。そして実際われわれは、地球の表面がまず固くなったこと、この塊の内部では、そのエレメントが釣合いの原理に従ってなお分かれ続け、地殻の下方にあった弾性のある空気、エレメントと混じり合っている粒子を絶えず上方に送り上げ、殻の下には、内においてさまざまに褶曲《しゅうきょく》して沈積が進む広大な空洞をつくり上げたこと、地表面の凹凸、固い大地、山脈、海中の広大な溝そして海洋から陸の分離を創造することがひき起こされたのを拒否できない証拠をみるのである。全く同じようにわれわれは次を承認する疑いのない自然の記念物をもっている。すなわち、この地球の内部がかつてそのようであり、そしてそのようにあり続けた如く、倒壊は長い時間がたっても完全に止まなかった。一つの液状の塊の巨大な記念物はそれと一致している。この塊の中ではエレメントの分離および普遍なカオスにまじった空気の分別はすぐには完了しないばかりか、造られた空洞はだんだんと拡がり広大なアーチの基礎は今度は揺り動かされそして壊される。まさにこのために海の深みに埋められていた地域はすべてふたたび露呈し反対に他の地域が埋没された。この地球の内部がより固い状態に移っていって崩壊が止んだ後この球体の表面は、少し静かな状態になったけれどもまだ完全な形成の状態からは遠かった。全面をあらゆる掻き乱しから守って整然さと美しさに保つことができるような適正な場所にエレメントをまずしっかりと配置しなければならなかった。海は運びこまれた物質の沈積でもって自ら固い土地の岸を築いた。このものの運び上げで、もとの海底はより深くなった。海は氾濫を防ぐ砂丘とダムを築いた。固い土地の水分を運び去るべき河川は自分の河床の中には収まらないのでまだ平野に氾濫した、河川が遂に決まった水路に収まって、その水源から海に至るまで均一な傾きをそなえるまで。自然がこの整然さの状態にたどりつきこの状態に確立されたとき、地球の全表面の全エレメントは釣合いに達した。肥沃さはすべてのサイドで豊かさを広げた。それは新鮮で、力の全盛期にあった。私に言わしむれば、成年男子の年令にあった。

この地球の自然は年をとることにおいてすべての部分がみな同じ段階に達したのではない。自然のある部分は若く新鮮である、他の部分は衰えそして老いてみえるにもかかわらず。ある地域でその自然は荒れていてまだ半ばにしか完成されていない。このとき他の地域では繁栄の最盛期にあり、さらに別の地域ではこの幸運な時期を過ぎてしまって次第に滅亡へと近づいている。一般に地面の高い地域は最も古く、カオスから第一番に生じて完全な成形に達している。低い地域はより遅く完全な段階にとどいた。それ故この順序に前者は今度は滅亡に近づくという籤《くじ》にまず当るだろう、後者はこの運命からなお遠く離れているようであるにもかかわらず。

人間はまずはじめ地面の最も高い地域に住んだ。彼らはほんの最近平地へと下りてきた。そして自然の完成を速めるのに手を貸さねばならなかった。人間の速い増加に対して自然の成熟が余りに遅かった。エジプト、このナイル河の贈り物は、その一番上流の地域にはすでに人が住み人口が多かった。その頃、下エジプトの半分、デルタ地帯の全部およびナイル河が泥を沈めて河口の底を高くし河床を囲む岸を築いてできた地域は、まだ人の住まない湿地であったのだ。

今日、古代のテーベ(7)の地域を特別に繁栄させていた非常な肥沃さと花やかさについては何もみられない。それに反して自然の美しさは、今や高い地域に優る肥沃さを確保している。ライン河の産物である低地ドイツの地域、低ザクセンの最も平らな地域、プロイセン(8)の一部は、ヴァイクセル河(9)が非常に沢山の支流に分かれていて、同時に永久所有の権利を主張して、人間の努力がこの河から一部を勝ち取った土地をしばしば水で覆うと努めたから、既に人が住んでいたこの河の水源の最も高い地域よりも、この河の最終でなお湿地と湾であったよりもより肥沃でより栄えているようにみえる。

この自然の変化は説明に値する。海から陸地が解放されたとき、河はすぐにはすばやい水路とその通行に準備されるべき一様な傾きを見出せなかった。河はなお多くの所で氾濫し陸地を役立たなくするような、とどこおる洪水をつくった。この水は次第に新鮮で弱い土壌の中に水路をくり抜いた。そして水に含まれて洗い流されてきた泥でもって最も激しい水の流れの道筋の両サイドに自分の岸をつくり上げた。その岸は低い水のときは流れをつつんでおさめることができた。しかしながら、より強い増水のときは次第に高くなっていった、その完全にでき上った河床が周囲の土地から引渡された水を一様で程よい傾きで海に運びこむことが可能になるまで。最も高い地域は、この自然の必要な解決を満足させた。そしてそのためにまたまっ先に人が住んだ最初の地域である。低い地域はしばらくの間、混乱と戦い、そしてより遅く完全に達したのであるが。その時以来この低い土地は高い地域から奪うことで豊かになるのである。高く増水したとき洗い流してきた泥を孕《はら》んでいる河の流れは、河口近くで洪水になってその泥を沈殿させ、河底を高くし、その上に広がっていって陸地をつくる、ここは河の流れが岸を適当な高さにまで増した後は人が住めるようになり、そして高い地域の肥沃さにこやされてそこより、より豊かになる。

地球の形態がこうむるこの続いて起こる形成と変化によって、より低い地域は人が住めるようになる、もし高地が時としてそうであるのを止めるときには。しかしながらこの変移は、ただいくつかの土地が特別に、すなわち天からの水に不足し、そしてその故に周期的な洪水がないと必要な水に不自由し、そして河の流れが自分に所属する岸の高さで洪水がおさえられると人が住めない不毛の地となって残るに違いないような土地にのみ、関係するに過ぎない。エジプトはこの変化について明白な例である。それは次のようなエジプトの状態が変えられたことにある。ヘロドトス(10)の証言によるとエジプト全土は、エジプト時代の九〇〇年前、河が八フィート高くなっただけで全く洪水になってしまった。エジプト時代にはそこを全く被うには河は一五フィート高くならなければならなかった。われわれの時代にはそのためには二四フィートの水嵩《みずかさ》が要るようになった。そこからこの土地に絶えずだんだんと近づいてくることで脅かす衰亡を推知すべきである。そしてこの目的のため大抵の自然科学者がこの作用の所為《せい》だと考えており、そしてそれによってこの地球体の自然の滅亡を前もって十分に予知することを認めたという原因をまず調べるべきである。

第一の原因は、海の塩辛さが河の所為だとする考えから生ずる。大地から浸み出た塩《えん》は雨によって河の流れの中に運ばれそれと一緒に海に運搬され、まさにそこで絶え間ない淡水の蒸発によって残り、溜まり、そしてこの仕方ですべての塩が海に差し出されてしまい、この塩がそこに今なお保たれている。これから塩は生長の最も主要な動力原料であり豊さの源泉であるから、この仮定に従って源泉の力を奪われる地球は死んだような衰亡した状態に変移するに違いないと容易に推測される。

第二の原因は、土壌の洗い流しとそれを海に沈積するための運搬にみられる雨と河の作用のなかにある。このことによって海はますますふさがれるようにみえる。一方、固い土地の高いところはますます低くなってゆき、そのため海は絶えず高くなり、かつて自分の領地から取りあげられた土地に、やむを得ずふたたび氾濫するであろうという心配がある。

第三の意見は、次のような推測である。すなわちそれは、海が大抵の岸から長い時間の間に著しく後退し、そしてかつては海底に横たわっていた広い地域が乾いた土地に変換することを認めた上で、土地の液状のエレメントが固い状態に転移する仕方によって実際に消費されることを心配するか、あるいは雨が、上昇させられたところに再び戻ることを防害する別の原因を気づかうものである。

第四の、そして最後の意見は、一種の世界精気、感知しにくいがしかし何処でも作用を起こす自然の隠れたる動力原料としてのプリンキピウム(11)を原因として認めることができる。この微細な物質は、自然の絶えない生殖のため絶えず食い尽くされるであろう。だから自然は、このものが減ることによってゆるやかな衰弱で老化しそして死滅に至る危険にさらされよう。

これらの意見は私が何よりも先に今すぐによく調べたい。そしてこの際、私に真実と思われるものはこれを探究したい。

第一の意見に真実があるとする限り、大洋およびすべての地中海の水に満ちているすべての塩は昔、固い土地を被っていた土壌に混じっていて雨によって土壌から洗い流され、河川によってそこに運ばれたから、なお絶えず同じ仕方で運びいれられているという結論になろう。しかしながら地球にとって幸いなことに、そしてこの仮定を手段として海の塩辛さを簡単な説明で理解しようともくろむ人たちには反対なことに、ひとは正確な検査をしてこの推測には根拠がないと分かった。何故なら地球上に降る一年間の平均雨量を温帯で測って一八ツォル(12)とし、またすべての河は雨を源とし雨水で維持されるとし、さらにまた固い土地に降る雨の三分の二だけが再び河によって海に戻され、三分の一はその一部分が蒸発し一部分が植物の生育に使われるとし、さらに最後に海は一般に認められるように地球表面の少なくとも半分を占めていることを仮定するならば、この引用した意見を最も有利な条件においたことになろう。それにもかかわらず大地のすべての河は一年間に一シュー(13)の水だけを海に運んでいる。もし海の平均深さを一〇〇クラフター(14)と仮定すると、海は六〇〇年で満杯になろう、水の蒸発がちょうど同じ年間で干上がりをした後に。この計算によって、海洋はすべての小川と河の流入のため創造以来すでに十回満杯になったであろうとするならば、この流水が蒸発して残された塩は、自然の仕方で生ずる塩として十倍に達するはずであろう。このことから次が結果とならねばならない。すなわち海の塩辛さの度合いを探し出すため一立方シューの河の水をちょうど十回蒸留させる必要があり、それからここで残される塩は同じ量の海の水を別に蒸発させた後に残る塩とまさに同じに達するはずであろう。この河の水からの塩は無知な人さえも納得させることができないほど蓋然性から余りにも遠く離れている。何故なればヴァレリウス(15)の計算によれば、僅かの河が海に流れているところの北海ではそこの海の水は十分の一、時には七分の一の塩を含み、全く同じように淡水の河の水で薄められているボスニア湾では四十分の一の塩を含んでいるからである。地球は、それ故、雨と河水によってその塩と肥沃さは流失されないという十分に確かな立場にある。それどころか海は乾いた土地からその塩の成分を奪うのでなく、むしろ海の塩からそれを土地に移すのであると推測すべきである。何故ならば蒸発は粗《あら》い塩を残すにもかかわらず流動性にされた塩の成分の一部を生じさせる。(16)この部分は蒸気と一緒に固い土地の上に運ばれ、雨にその肥沃さを与える。そのためには雨が河の水より優れて適しているのである。

第二の意見はより大きい信頼度があり、はるかによく辻褄《つじつま》があっている。この意見をボローニャ協会論評に学問的にそして慎重に述べ、そしてその詳しい論文が自然一般雑誌に載るはずのマンフレディ(17)は、この意見の証明にはこれらだけで弁護できるかも知れない。彼は述べている。ラヴェンナ(18)の大寺院の古い石の床は、新しい床の下に砂礫《されき》に被われていて、満潮のときは海の水平より八ツォル低くなる。そしてその故にこの大寺院の建立のときには、もし海が現在そうであるよりも、より低くなかったならば、満潮ごとに海の下になったに違いない。古文書が、当時、海は町にまで達したことを証明しているからと、彼は、海の高さが絶えず増してきたという自分の意見の確証のため、ベネチア(19)のサン・マルコ教会の床が今、大変に低くなっていること、入江が増水すると時としてサン・マルコ広場もこの床も水の下になるほど低い、だがしかしそこはサン・マルコ教会の建立のときはこのようになっていただろうとは推測できないことをあげている。同じ論文に彼は大理石の堤の徴候から、海は今、昔の時代よりずっと高くなっているに違いないことが明らかになることを引合いに出している。この堤は多分、船旅をする人たちが徒歩で自分たちの船に行けるよう親切からサン・マルコ市役所の回りをめぐって通された。それは今その目的にはほとんど役に立たなくなってしまった。それは今、普通の満潮時には水面下、半シューの深さになってしまうからである。この意見を説明するため彼は主張している。河が、その増水のときに含んだ泥、および固い土地から雨の細流が洗い落した泥を、海に運び、それでもって海底を底上げする、これによって海の床が次第に埋められるのと同じ割合に一致して海がやむなく高くならざるを得なくなるのだと。この海が高くなる蒿《かさ》を現実の徴候が手に与えるものでそっくり同じく作ろうとして、彼は、河が濁って流れるときそれと一緒に流れる泥の量を測ることを調べた。彼は二月の終り頃ボローニャ(20)を流れる河の水を汲んできた。そして彼は土壌を沈殿させた後、この土壌はこれを含んでいた水の一七四分の一であることを見出した。このこと、および河川が一年間に海へ流しこむ水の量とから、彼は海がこの原因によって徐々に高まるはずの高さを決定した。それは三四八年間に五ツォルより高くなっているはずでなければならないほどである。

ベネチアのサン・マルコ市役所の回りの大理石の堤についてわれわれが引用した観察および自分の別の観察の大きさを決めるべき尺度を持ちたいとする願望から、マンフレディは、前述の海面の高まりを大層大きく二三〇年に一シューに達するだろうととることに心動かされた。何故かというに、彼が主張するように河川は水を濁らせた軟かい土壌の他なお沢山の砂、石等を一緒に海へ運ぶからだ。これに基づくと地球の不幸は著しく速い足どりでやってくるだろう。ライン河で行った同じような観察から一〇、〇〇〇年以内に地球の人が住める地域は洗い流されて、海がすべてを被い、そして草木のない岩の他は何も海から突き出ていないに違いないという運命を地球に通告するハルトゼッカー(21)よりも、慎重にマンフレディは地球を取扱うにもかかわらず、ひとはそこから、やや少ない年、例えば二〇〇〇年で地球の衰微の程度を容易に予期できるのである。

この意見の実際の誤差はただ大きいか小さいかであって、これ以外、この意見は根本において正しい。雨と河川が土壌を洗い流し海に運ぶのはその通りだ。しかしあの著者が推測するように雨と河川が大きい度合でそれを行っているはずとするのは大いに誤まっている。彼は実際としては次のように仮定した。すなわち河は全く一年中、毎日濁ってあふれ流れ続けている、その時には山から溶かされた雪が土地を襲う強い暴力をもつ激しい急流をひき起こしている、そしてまた土地はその時には全く湿っていて、なお前年の冬の寒冷のため十分に脆くなり最も容易に洗い流されるようになっていると。もし彼がこの慎重さを、山に含まれていて、激しい急流のため河に流れこまされる土壌は、平らな土地から食わされるものより多い奪ったものであるという、彼が河の相違についてもたねばならない綿密さに同時に結びつけるならば、彼が観察した変化の説明の根拠とした評価を多分、断念したであろうほど、彼の計算は大変に小さくなっていたであろう。もし最後にここで人が、なお海は自ら死ぬことがないのは、ひとがその所為だとしている正にこの運動によって、すなわち、海は同じ度合の運動性をもたないすべての物質を絶えず岸に運搬することによって、この泥の物質を海の底に沈積させるのではなくて、それをただちに固い土地におろす、そして土地がそのために増えるということを熟考するならば、海の革袋が泥でいっぱいになったのを見る恐怖は、高い地域から奪ったものから海岸に絶えず新しい土地が与えられる根拠のある希望へと転じたであろう。何故なら実際あらゆる湾、例えば紅海と名づけられている湾、同じようにベネチア湾では海が山の頂きから次第に退いていて乾いた土地がネプチューン(22)の国に絶えず新しい獲得を行っている、もし前述の自然科学者の仮定に根拠があるならば、この海は常に次第に岸を越えて広がる乾いた土地を湿ったエレメントの下に沈めていたであろう代りに。

しかしアドリア海の沿岸地域の沈下の原因に関しては(それは必ずしも常にそうではなかったことが実際正しい限り)私はむしろイタリアが他の多くのところよりも特別にもっている土地の性状の所為を適用したいと思っていた。すなわちここの土地の極めて堅固なことは下部がアーチであること、そして地震はたとえ主としてイタリア南部であばれてもなお北部にもその暴力を揮《ふる》うこと(23)、そしてその広がりによって広い地域、それどころか海の下までも遠く繋がっている地下の空洞の素性を明かしていることを、われわれは知っている。もし、地下の強熱による震動が空洞の堅固さを動かせるほどであり、そしてそれを度々動かしたならば、その多くの襲来の後、空洞の外皮はある程度沈下し、海の表面に関しては、より低くなりうると推測できないだろうか?

第三の意見すなわち地球上における乾いた土地の増加と海洋の減少を地球の破滅の前兆とみなすことは、一見して前の意見と全く同じとみられる観察からの根拠がある。しかしこの根拠を説明する明白な原因は少ない。何故なら次が確かであるからだ。すなわち海は、一つのサイドにおいて固い土地を一様に次第に乾かしているときに、その代りに他の地域においてはこれを改めてわが物としようとしていて、その中に入りこんでいる、そして全体としては償っているということが可能であるようみえるにもかかわらず、このことを正しく熟考するならば、海が拡張した広さを越えているはるかに大きな広さが失われている。特に海は低い地域をそのままにしておき高い岸を浸食する。岸は海の襲撃にさらされており前者は柔軟な反撃でそれを挫折させるからである。このことだけが、海面は一般にどんどんとは高くならないことを証明できる。何故ならひとは岸において最も明らかに相違を認めるであろう、そこでは土地がわずかな傾きで海の底に向って徐々に下っていて、そこでの一〇フィートの海水の高まりは固い土地からその多くを取ることになろうから。多くは事情が全く正反対である。海はかつて自分が築いた堤防とそれの上を疑いなく離れ去ってしまって今、堤防は届いていない。このことは海が昔より低くなっているのを証明する。例えば二つのプロイセンの砂州、オランダとイギリスの海岸の砂丘は、昔、海が波立っていた、そこに氾濫するまでの高さに届かなくなって以来、今や海に対する城壁として役立っている砂丘以外の何物でもないことのように。

そこで、この現象に完全な妥当性を与えるためには、この流動性のエレメントが実際に消えてなくなることと、このエレメントが固い状態に転移することに、あるいは雨水が地球の内部で干上がることに、あるいは海の絶えざる運動によって海の床が常に深さを増すことに、逃げこまねばならないか？ この最初の原因は、健全な科学に反しているように見えるとは、そんなにありそうでないにしても、この著しい変化には多分最小の度合で関わっているだろう。(24) 何故なら他の流動性の物体でも時にはその本質を失うことなく固い状態をとるからである。例えばブールハーフェの研究で赤い粉末になる水銀、[25]ヘールズ[26]がすべての植物のプロダクト、[27]特に酒石[28]として固い物体となっている空気、[29]これらは確かに水と同じように植物の成長の際、疑いなく樹液にその成分を与えてやるようであるから、最も十分に乾燥して擦りつぶした木は、化学的溶解のとき、つねに水を発生する。そのことから地面の水の一部は植物の生長に使われ決して海に帰らないのは本当でないらしいことにはならない。しかしながらこの減り方は少なくとも目につくほどにはなりえない。第二の原因は同じように絶対の思考においては否定してしまうことはできない。地球にしみこむ雨水は、それを通さず、それが地の傾きの方に出口を探し出し、そして水源を維持せざるをえなくさせるような、より密な層に出合うまで、ただただ地球の中を深く沈んでゆく。しかしながら雨水のわずかはあらゆる層を通りぬけて岩の層までしみ下ってゆく。そしてこの層の裂け目をしみ通る。そしてこの地下水が集まる。これはいくつかの地震の場合に噴出して土地を洪水にしたのである。[30]*海水がこのように失われることは多分、些細であるはずはなく、より綿密にしらべる価値はある。しかしながら第三の原因は海がその床を深く掘れば掘るほど絶えず減らなければならないという海の高さの減少に正に最も大きいそして最も疑問がない関わりをもっているようである、その仕方では最も小さな足取りは地球の破滅には心配がないとしても。

＊パリ王立科学アカデミー物理学論文集二巻二四六頁『岩堤・洪水について』参照。

今まで述べた意見について行なわれた吟味の結果は一体何であるか？　われわれははじめの三つの意見を否定と決めた。土壌は雨と小川の洗い落しによって塩分を失うことはない。肥沃な土地は損失が補われないで遂には海を埋め、その海水が人の住む陸地上をふたたび波立たすため河川によって海に運ばれることはない。河川は実際に高い地域から奪ったものを海に運搬する。しかしながらこの奪ったものを固い土地の岸にふたたび沈積させるのに使う。そして植物の生長と発生は実際、海にとって蒸発した水を費やす。それによって莫大な部分が流動性の状態をやめる。そして土地はこの海の損失でもって埋め合わせをしているようだ。最後に大洋の水が実際に減ずることの推測は、その蓋然性にもかかわらず一つの仮説の中に決定的な意見をひき起こすに足るほどの根拠ある信頼性がない。そこで地球の姿の変化に関して確かな期待がもてる原因はただ一つ残る。それは次のなかにある。すなわち雨と小川は、土地の高さを均《ひと》しくするため、そして地球の姿からそこに沢山ある凸凹を奪おうとつとめるため、土地を絶えず浸食して高い地域から低い方へ洗い落とすことである。この作用は確かで信頼できる。土地は、その高い部分の傾斜に、浸食されて運ばれうる物質がある限りこの変化にさらされる。そして地球は、洗い流されて孔があいた層の後に地球の岩の基礎が唯一の高い所を形成するであろうまでのように、これ以前にはあの変化から解放されないであろう。この変化は、ただ肥沃な層が不毛な層の下に沈められ埋められる層の転位の結果となるだけでなく、むしろ谷と高い所にある固い土地の有益な部分を破棄することで地球にさし迫る破滅を心配する原因の結果となる。もしひとが固い土地の現在の構造を調べるならば、深い地域に対応した高い地域の規則だった関係に驚くだろう、土地は、広大な領域にわたって最も適切な傾斜でもって谷の最も深いところを占める河に向っている、そして河の伸びるに従って滑らかに下っていくことが、土地の水を吐き出す海に至るまで続いていることに。固い土地が雨水の多過ぎることから免れているこの良く整った状態は、あの傾斜の大きさの度合に大変依存している、肥沃のために使われるべき水を余りにも早く落とす大きな傾斜でもなく、あるいは土地に損害を与えるために水を土地の上に長くとどまらせそしてあばれさせるような余りにも少ない落ち下りでもないような。しかしながらこの有益な運命は絶え間なく続く雨の作用によってつねに損害をうける、雨は、高い所を低くし、そして奪った物質を低い地域に運ぶことによって地球の形態を、そうであったように、次第に営養があるようにするから、地表のすべての凸凹が消されて、雨が地面に運んだ水は流出しないであばれて地面の胎内《たいない》を十分にぬらし、そして人が住める状態を絶滅するであろう時に。私はすでに述べた、地球の老化の完了は、たとえそれが長い時間かかってもほとんど目に着くことがないとしても、それでもなお根拠がある重要な哲学の考察の題目であると。この点でその微小は最早、僅少でも、価値がないのでもなく、これを絶え間なく加え集めることによって重大な変化に絶えず近づいてゆくことをひき起こす、この変化において破滅はこれを完了するには時間以外の何物をも必要としないのである。それにもかかわらず、ひとはこの変化への歩みが徹頭徹尾、知覚されないだろうということはできない。もし高い所が絶えず減るならば、湖あるいはまた河を養う低い地域への流れこみは減るであろう。これには、湖や河の大きさの減少がこの変化の証拠となろう。事実、ひとはすべての湖についてそれらは昔もっと広がっていたという徴候を見出すであろう。プロイセンの高地は湖の豊富なちゃんとした土地である。ひとはこの湖が同じ湖からの一つとは容易に分からないだろう。湖に隣接する大きな平地を認めるべきでないとするからだ。湖は大層、水平であるので疑いもなく、これらは昔なお海に属していた。ただ次第に乾かされその水はだんだん少なくなったのだ。例を挙げると確かな古文書の証言によれば湖ドラウゼンゼーがオランダのプロイセン領のところまで達していて、そこへ航行する機会を与えていたが、今ではそこから一マイルも後退してしまっているこの湖の床は、ほとんど水平である長い平地および昔、両側にみられた高い岸によって今なおはっきりと現われている。この緩やかな変化はまた、最後の鎖の環が最初の環からほとんど無限に遠く離れていて、多分、決して到達されないような続いて進んでゆく割合のなかの一環であるようなものである。われわれが住むこの地球の啓示は、突然な運命を予告するからだ。その実行は地球の持続を繁栄のまっ最中に中絶すべきとし、そして地球に急がせるべきとする、老化させそして自然な死を遂げさせるようなことのための目に着かない変異の段階を経た上で。

しかしながら私には地球の老化について誰にでも提言できる別の意見をなお第四の意見として批判すべき義務がある。それはいわゆる生命をつくる絶えず働いている力ではないとしても、そして目には見えないにもかかわらず、やはりすべての生産と三つの全自然界の摂理のなかに仕事をもち、だんだんと使い果たされ、そして自然界の老化をひき起こす。この点では一つの世界精神を身につけているこのものは、非物質的な力、世界の霊魂でもなくまた形をつくる本性、奔放な想像力をもつ被造物でもなくて、むしろ微細な、しかしどこでも活動する物質である。それは自然が生成される時に活《い》きる力があるプリンキピウムを形成しそして真のプロテウス[31]としてあらゆる姿と形をとることを喜んでする。かくの如き一つの概念は十分に考えるべきとする自然科学および観察にはそれほど反してはいない。もしひとが、自然は植物界において決ったオイルの中に最も滋養に富んだ精神のような成分を産んでいること、この成分に揮発し易さを結びつけていること、この成分を蒸留または化学の技法によって剝奪した後に残ったものは残骸のかたまり以外の何物でもないのにもかかわらず目につくほど目方に変りがないことを熟考するならば、もしひとが、化学者にレクター（教区長）とよばれた精気、個々の植物の区別標識を決めている第五のエッセンス[32]を、ひとが至るところでいつでも容易に同じ食糧すなわち純粋の水と空気から生じているようだと熟考するならば、もしひとが、空気の弾力を大変巧みに圧縮したりその姿をひき起こす、そして電気によって大層独特に吸引力と反発力を発揮する硫黄の本質の成分[33]および火の燃える成分[34]の中の最も主要な成分、すなわちすべての種類の塩の中にある活きる力のあるプリンキピウムを決めている、空気中至るところに広がっている、大変評判な揮発し易い酸[35]を熟考するならば、すなわちこの自然のプロテウスを熟考するならば、ひとは、どこでも活動する微細な物質いわゆる世界精気をば蓋然性をもって推定することを決心するだろう。しかしまたこの物質の絶え間ない生産は多分自然の形態の破壊がはね返ってくるように次第にこれを食いつくし、そして自然は多分このものの消耗によって絶えず自分の力の一部分を喪失するのを心配することを決心するだろう。

もし私が、古代民族の偉大なる事物に対する志向、名誉心のエンスュージアズム（熱狂）そして彼らが高い理解をもって熱狂しそしてそれでもって向上した美徳と自由愛をば、現代の穏健にして平静なる状態に比べるならば、倫理学のみならず科学にも同じく利益があるこのような変化の運命を望む原因を、しかもわれわれの世紀の中に見出す、もう一度私は、人間の本性を活気づけ、そしてその激しさは正に極端の繁栄でもあり美しい作用でもあったこれらの徴候は多分これら火熱のある種の冷却の中にあるのを推定することを調べたい気になる。もし私がそれに向って政治の仕方、情調の教育と模範および習慣が如何に大きな影響を及ぼすかを熟考するならば、かくの如き二義のある徴候が自然の現実な変化の証明を与えることができるかどうかを疑う。

それだから私は提出された地球の老化の問題を、一人の冒険的な自然科学者の進取な精神が求めたであろうように決定的にでなく、題目の本質が必然的にともなっているように、詮索《せんさく》的に論じた。私はこの地球の変化から得られるべき概念をより正しく決めるよう探索した。なお地球の突然の瓦解《がかい》(36)によって地球絶滅をもたらす別の原因があるはずだ。何故なら暫《しばら》く前からすべて異常な運命に都合よく使われた彗星のことは言わなくとも、地球の内部に火山の世界および燃えている火の物質の貯蔵が隠されているようにみえるからだ。このものは最上の層の殻の下に多分だんだんと蔓延して火を蓄積し、最も上のアーチの基礎を冒し、(37)その僅かな崩れが燃えるエレメントを地表に導き出し地球を火の中に絶滅させるかも知れない。しかしながらこの如き偶発的な事柄は建築物がいかなる仕方で老朽化するかを検討するとき、地震あるいは火災を考慮にいれるべきだとすることと全く同様に、地球の老化の問題においてはふさわしくないものである。

地震の原因

昨年末ヨーロッパの西部諸国を襲った災害に際し、地震動の原因について

全人類の運命を襲う重大なできごとは、異常であるすべての事柄に目ざめ、その原因をつきとめようとする好奇心を当然ひき起こす。このような場合には、公衆に対する義務として、観察と研究が自然科学者に与えることができる知見について、彼に説明をさせるべきである。私は、この責任をその全範囲にわたって十分に果すという名誉を断念し、そして、もし地球の内部をくわしく見通したと誇り得る人があらわれるならば、この名誉をその人に委ねたいと思う。私の考察はほんの試論にとどまる。率直に言って、これは、それについて、これまで確実にそういい得るとされることは、ほとんどすべて含まれるであろう。だがしかし、すべてを数学的確実性の試金石にあてて試してみる人の厳格な判断を満足させるには十分ではない。われわれは地上に安らかに住んでいるが、その土台は時として震動する。われわれは何気なしにアーチを築くが、その台脚はときどき揺らぎ、そして陥没に脅かされる。恐らくはわれわれ自身からそう遠くにはいない運命にかかわらず、われわれの足下にひそむ破壊が隣人にもたらした惨害を目撃すると、われわれは恐怖の代りに同情をもってする。それを防ぐあらゆる可能な配慮が全く最小のことさえも進められないごとき運命の恐怖に、わずらわされないこと、およびわれわれが起り得ると認めることがらに対して恐怖によるわれわれの実際の悲痛がより大きくならないことは、疑いもなく摂理《せつり》の恩恵である。

第一にわれわれの注目にあらわれるのは、われわれが居る大地は中が空《から》であり、そしてそのアーチはほとんど一つ

のつながりで広い地域を通り海の底まで延びていることである。私はそれに関し事件の報告から例をひくつもりはない。私の目的は地震の歴史を提供することではない。地下の暴風の狂暴のごとく、また、敷石の上の荷馬車の通行のごとく、多くの地震の場合に響いた恐しい轟音、アイスランドとリスボンが互いに海を通して三五〇ドイツマイル[1]以上もはなれていて、そして同じ日に地震で動いたという[2]、大変に遠い国々における絶え間ない地震の同時な作用は、これらすべての現象が、そのなかで、地下のアーチの一つのつながりを一致して保証することを、議論の余地なく証言する。

私がもし、地球の創成の際にこの空洞の起源をひき起こした原因について明白なことを言おうとするならば、私は、地球の変遷の中でのカオスにまでもどらなくてはならないだろう。そのような説明は、ただ余りにも多く作り話の様子をしている、もしひとが、原因の信憑《しんぴょう》性を含む証拠を十分にして、原因を眼前に見せることができないならば。しかし、その原因は何であろうとも、この空洞の方向は、山脈および自然の関連からまた大河にも平行になっていることは確実である。何となれば、大河は長大な谷の大部分を占め、この部分は両側が平行して走る山脈に囲まれているからである。正にこの方向に地震動がとりわけ伝播するのである。イタリアの大部分に及んだ地震の際、教会のなかで灯明がほとんど正《まさ》しく北から南へ動いたことに、ひとは気づいていた。そしてこの最近の地震ではその方向が西から東へであって、これはまたヨーロッパの最も高い地域を貫く山脈の主な方向である。

もしこのような恐るべき災難に際して、いくらかの用心が人間に対して許されるならば、また全世界の災厄に対抗して、理性が提供がしてくれたいくらかの方策をもち出すことが、無暴で無益な努力として見られないならば、リスボンの廃墟は、この土地における地震動が自然な仕方で起こすはずの、その方向が指示するのと同じ流れに、その長さ一杯に、ふたたび建て増しをすることを躊躇《ちゅうちょ》すべきではなかった。ジャンティ*[3]は、一つの町が、その大部分の長さを、町と同じ方向の地震によって震動された場合、建物はすべて転覆されるが、横の方向が起こった場合、ほんの僅かが倒れることを証明した。その原因は明らかである。地面の揺れは垂直の位置を動かす。もし、今、東から西へとなっている建物の列が、東から西に揺られるならば、各建物は自分の重さをささえるのみならず、西の建物は同時に東の建物に圧を加え、それによってまちがいなく東の建物をくつがえす。代りに、横になっている列が動かされた場合、この時、自分だけが平衡を保たねばならなくて、同じ条件ではより少ない損害が起こるはずである。リスボンの災害は、また、その長さがタホ河に沿っている状態にあった位置のため、より大きくなったようである。この理由から、地震がしばしば感じられ、その方向が経験から推定できるような土地のすべての町は、地震の方向と一致する方向に計画されてはなるまい。しかるに、このような場合に大多数の人々は全く異なった意見である。恐怖がこの人々の思考力を奪ってしまうので、このような全世界の災害にあうと、人々は、ひとがそれに対して用心を当然必要とする災いと全く別の災いと認めて、この運命の苛酷さを、自らを無条件降伏させる盲目的服従によって、しずめることを思いこむのである。

*ジャンティの世界旅行、ビュフォン[4]の引用による。彼も全く地震動の方向はほとんど常に大河の方向と平行していると確証している。

地震の主な進路は最高の山脈の方向に進む。そしてまた、この山脈の近くに横たわる地帯は、それによって震動される。二つの山脈の間にかこまれている地帯は、特にこの場合は両サイドからの地震動が合わさるからである。山地とは一つのつながりになっていない平らな土地では地震は、より稀で、しかも弱い。それゆえペルーとチリは、世界の土地の中で最も頻繁《ひんぱん》な地震動をこうむっている土地である。そこでは人の観察したことによると、下になって死ぬことのない用心のため一階だけに壁を築き、しかし二階は暖竹《だんちく》と軽い木材でつくる二階建ての家になっている。イタリア、確かに一部は寒帯に入っているアイスランドさえ、さらにはその他のヨーロッパの高い地域が、この一致を証明している。昨年一二月にフランス、スイス、シュヴァーベン、チロルおよびバイエルンにわたり、晩方から朝方にかけて起こった地震は、主として大陸の最高地帯の方位を保った。しかしまた主な山脈はこれと直角に支脈を伸ばしていることも分かっている。地下の火気は次第しだいにこの支脈にも拡がっていて、このために地震は、スイスの山脈の高地に達した後も続いて、ライン大河に平行に低地ドイツまで走っている空洞を走り通ったのであった。自然が特に高地を地震に結びつけているという法則の原因は何であろうか？　もし地下の火気が地震動の原因となっていると決定していれば、空洞は山の多い地方に、より広大であるから、そこでは可燃性蒸気の一層、自由な蒸発、また、この地下に閉じこめられた常に燃焼にはなくてはすまされない空気との結合は、より妨げられないことは容易に認められよう。このことについては、人間に発見することを許される限りの大地の内部の状態の知識は、山の多い地方の地層は、平らな地方のそれよりは、はるかに高いことはなく、したがって、あちらでの地震動に対する抵抗は、こちらにおけるよりは、より少なくなっていることを示している。それ故に、もしひとが、わが祖国も、この不幸を当然気づかわなくてはならないかどうかを問うならば、私が道義の増進を説くことを職務とする限り、私はここで否定できない普遍的可能性に対する恐怖を言いたいことになるだろう。その可能性の正当な評価を許すことになるだろう。しかし、いま神の祝福に帰依《きえ》する運動の動機のうち、地震についてえられる動機は疑いもなく最も弱い。そして私の意図は、ただ形而下の地震の原因を推測にまであげることである。それからすれば、ひとは、上述のことから、プロイセンはただ山のない土地であるのみならず、ほとんど全く平らな土地の延長とみなすべきであるから、摂理の造営には逆になる希望を確信をもって期待する大きな動機をもっていることが容易に推定できる。

地震動の原因についていくらか述べる時である。その現象をまねることは、自然科学者には容易なことである。いま二五ポンドの鉄のやすり屑、同量の硫黄をとり、そしてこれを普通の水とこねる。この練り粉を地中一フィートないし二フィートほど埋めて、上を一緒にしっかりとたたいておく。二、三時間の後、濃い煙の立ち昇るのが見られ、(5)地面は振動し、炎が地盤から発生する。これら二つの、はじめの物質は、地球の中にしばしば存在していることは疑いない。そして割れ目と岩の裂け目をしたたり落ちる水はこれら二つを沸騰させるのである。さらに別の実験では、冷たい物質の混合から可燃性蒸気を出し、それが自然に発火する。二クヴェント(6)の硫酸と八クヴェントの普通の水を混合し、これを二クヴェントの鉄のやすり屑の上に注ぐと、激しい泡立ちと自然に発火する蒸気が発生する。硫酸と鉄分が地球の内部に十分含まれていることを誰が疑い得るであろうか？　いま水がやってきてそれらの相互作用をひき起こすならば、それらは膨張しようとする蒸気を突き出し、大地を震動し、そして火を噴く山の口で炎となって突発するであろう。

一つの土地に近い隣で火を噴く山が突発するとき、閉じこめられていた蒸気が、山を貫いた出口を得ることが出来るならば、その土地は激しい地震動から免れることは、ひとが久しい以前から気づいていた。そしてベズビオ山が長い時間、静かであったときに、ナポリでは地震が大変に激しくそして、よりすさまじかったことも分かっている。このような仕方で、われわれを恐怖におとしいれる出来ごとが、しばしばわれわれの幸いに奉仕してくれる。そしてポルトガルの山脈で口を開いている山は、不幸がだんだん遠ざかっていったことの前駆者となり得たことだろう。

あの不幸な十一月一日、万聖節に大変多くの海岸で認められた激しい海水の運動は、この事実における驚嘆と探究の不思議な物象である。地震が海底の下まで延び、そして船を、固い震動している地盤の上に固定されているかの如く、大変激しく動揺させるということは、普通の経験である。しかしながら海水を奔騰《ほんとう》におとしいれた、その地域において海岸からそれほど遠くないところで、地震の徴候は最小の程にも全く感じられなかったのである。一六九二年、ほとんど全世界的な地震の際にまた、このようなことがオランダ、イングランドおよびドイツで観察された。聞くところによると、多くの人々は、この海水が奔騰する起源を、ポルトガル海岸に面する海が、地震の直接な震動によって受けた、くりかえされる動揺から求めることに傾いており、そしてそれも根拠のないことではないということである。この説明は元来、困難がさしだされるべきであるようにみえる。私は流動する物において、各部の圧力は物全体じゅうに感知されねばならぬことを知っている。しかしポルトガルの海で、高潮の圧す力が数百マイルも伝播した後に、グリュックシュタットとフーズム(7)の海水を、なお数フィートも高く運動させることが、どうして可能であろうか？　ここでは、ほとんど目立たないほどの波を起こすためには、あちらでは天のように高い水の山が生じなくてはならなかったように思われるのではなかろうか？　これに対して私は答えよう。流動するものが一箇所に作用した原因によって、いかにその物全体じゅうを運動させることができるかには二種類の仕方がある。上昇と下降の揺れる運動すなわち波型の種類によるものと、あるいは水全体じゅうをその内部で振動させ、そして揺れる奔騰の運動をだんだんと延ばすことをさせる時間を持たずに、固い物体が続けて進むような急激な圧力によるものと、である。第一のものは前述のできごとの説明には疑いなく不十分である。しかし後者のことに関してはもしひとが、水は瞬間的な激しい圧力に対し固い物体のように抵抗し、この圧す力が隣接する水を水平状態の上にまで上げる時間がないほどの激しさでもって、水の面まで延びるということを熟慮するならば、もしひとが、例えば科学アカデミーの物理学論文集、第二部五四九頁にあるカレー氏(8)の実験、二インチの板で組み立て、そして水を満たした箱に銃丸を発射すると、その衝撃で水は大変に圧されるので箱が爆破されたことを観察するならば、この種の水の運動をいくらか理解できるであろう。例えば、ポルトガルとスペインのすべての西海岸、サン・ヴィンセンテ岬(9)からフィーニステレ岬(10)まで遠く一〇〇ドイツマイルが運動し、そしてこの地震動が西方の海に丁度、同じ遠くまで拡がったと、ひとが想像するならば、そうすると、一〇〇〇〇平方ドイツマイルの海底が瞬間的な動きによって高く上げられる。もしわれわれが、その動きの速度を、上にある物体を一五フィート高く投げる、それ故（力学の根拠によれば）毎秒三〇フィート進むことが可能である地雷の速度と等しいとしても(11)、それは過大評価にならない。隣接する海水がこの瞬間的な運動に対し、緩やかな運動の場合に起こるように、へこんでそれから波にふくれ上がるのではなく、その全体の圧力を受けて抵抗する。そして周囲の海水を同じように激しくその面まで押しやる。その海水は、大変急激な圧縮の場合、固い物体とみなされる。それによって遠い端《はし》は、突き当てられた端が押しのけられた速度と、同じ速度で押しやられる。ゆえに流動する物質の柱（この表現が許されるならば）においては、長さ二〇〇マイルでも三〇〇マイルでもどちらでも変りなく、全く運動は減衰しない、もし柱が、遠い末端と発端《ほったん》が丁度同じ大きさの口になっている一つの管に閉じこめられていると考えられる場合に。しかしながら末端がより大きい場合は、この物質による運動は逆になおさら減衰する。ところで、水の運動は、自分の廻りにまるく、サークルの形で続いてゆくと考えなくてはならない。サークルの中心からの距離とともに、その広がりが増し、その限界では水の流れ続きは、まさに同じ実質が減衰される。したがって地震動の仮定された中心から三〇〇ドイツマイル隔たっているホルシュタインの海岸は、ある中心から約五〇マイルの距離と想定されるポルトガルの海岸におけるより小さく六分の一に減衰しているはずである。ホルシュタインの海岸とデンマークの海岸では、その運動は毎秒五フィート流れ去るほどに、なお、まだ十分な大きさになるはずである。これは急速な河の流れの勢力に等しい。これに反して異議が唱えられるかも知れない、圧力の続行は、北海での高潮をカレーの海峡を通ってでなければ起こし得ない、その震動は広い海に延び広がって異常に衰弱するはずであるがと。しかしながら、もしフランスの海岸とイギリスの海岸の間の海水の圧力は、それが海峡に達する前に、これらの土地の間の圧すことによって、それが後に延び広がることで弱められるよりも、沢山増すはずであることを熟考するならば、そのため今考えているホルシュタインの海岸における震動の作用から著しいほどのことは全く取り上げることはできなくなるだろう。

この水が圧される場合、最も奇妙なことが、海と眼に見えるつながりをもたぬ湖においてさえ、テンプリン(12)でもノルウェーでも見られた。これは、陸地で囲まれた高潮と海との地下での共同体を証拠立てる、ひとがこれまで提出したすべての証拠のうち、ほとんど最有力とみられる。逆らって釣り合いを失わさせられる困難をなんとか切り抜けるため、湖の水は海とつながっている水路を通じ、絶えず下方に確かに流れていると考えなくてはなるまい。しかし、この水路は狭く、そしてそこを通って失うものは流れこむ小川と河によって十分に補給されるから、流れ去りは、そのため目立つほどのことではない。

であるけれども、このような希なできごとに際しては、軽く性急な判断を下さないようにしなくてはならない。というのは、内陸の湖を波立たせることは、また他の原因から起こるのも不可能ではないからである。荒れ狂う火の爆発によって運動させられた地下の蒸気は、蒸気を強制的な膨張の他はすべてその通行を閉鎖している地層の割れ目を、よく貫いて出ることもあり得るであろう。自然は徐々にしか発見されない。自然がわれわれに隠しているものを性急に、虚構のものを使って取りきめようとしないで、むしろ自然がその秘密を疑いなく漏らすまで待ち通すべきである。

地震の原因は大気圏までその作用を広げているように思われる。大地が震動されるより早く数時間前に、赤い空とその他の変った大気状態の徴候がしばしば認められた。動物はその直前すっかり恐怖にとりつかれた。鶏は小屋の中に急いで逃げ、ねずみとマウスは自分らの穴から這い出して来た。この瞬間に発火する点にあった加熱蒸気が疑いもなく、地球の中の上部のアーチを貫き破ったのであろう。私にはこの蒸気から期待される作用を取り出す自信はない。少なくともこの作用は自然科学者にとっては好ましいものではない。何故なら大気圏の変化が互に交替することの法則を見出す望みに対し、自然科学者には役に立たないかも知れない？　もし地下の大気が大気圏の変化に干渉し、そして人が、このことはきっと、よくときどき起こるらしいのは疑えない。何故なら気候の交替においては、そうでなければ説明がつかないから、気候の交替の原因は、一部は恒常的で一部は周期的であって、全く回帰が見られないからとするならば。

注釈　アイスランドにおける地震の日付けは、前号では十一月一日としたが、(13) ハンブルク通信一九九号の報告によって九月十一日と訂正する。

この考察は、現代において起こった記憶すべき自然のできごとに関する一つの小さな試論と見なすべきである。このできごとの重要さと多様な特殊性から、私はこの地震の詳しい報告、ヨーロッパ全土におよぶその広がり、その際に起きた注目すべきことがら、およびこれらがその故に起こし得る考察をくわしく論じた論文を公に発表しようという気を動かされた。この論文は日ならずして王室およびアカデミー印刷所から発刊されるはずである。(14)

地震の報告(1)

一七五五年の末、地球の広大な部分を震動させた地震の最も著しい出来事の報告と自然誌

自然は、いつでもおびただしい奇異なことを考察と驚嘆には無駄であるようには、まき散らしてはいなかった。大地の管理をまかされている人間は、それだけの能力があり、又それを学び知ることに喜びをもち、そして自分の判断で創造者を賞讃する。人間種属の災難をつくるすさまじい器械は、大地の震動、人間の土地の中で動く海の暴威、火を吐く山でさえ、人間に考察を促す。そして全くに自然界における不変な法則からの当然な結果のものでもなく、また人がよく熟知していることから自然の原因のものと思われているような不幸の、馴れてしまっている別の災害の原因のものでも決してないと植えつけられている。

このような恐ろしい災難の考察は教訓となる。この考察は、人間には権利がないこと、神が指図した自然界の法則から、ただ安楽な結果だけを期待するのを人間があきらめたこと、そして又この仕方では人間の熱望の闘技場においては、人間のすべての目標に決勝点がないはずになっていたのを人間に見分けさせることを、人間に知らしめて人間をくじいてしまう。

予　備

内側の地球の状態について

地球の表面は、その広大さについてならば、かなり完全に分かっている。しかしながら、われわれの足の下には今なお少ししか分かっていない世界がある。測鉛でその深さを測れないほどの峡谷を開けている山の割れ目、山の内側で出合う空洞、何百年もかかって掘り下げている鉱山の最も深い立坑は、われわれが住んでいるこの巨大な塊の内側の構造について明白な知識を与えてくれるには、はるかに不十分である。固い土地の最も高い表面から人が下ってゆける最長の深さは五〇〇クラフター(2)に過ぎない。すなわち地球の中心点までの距離の六千分の一でしかない。そしてこの空洞はなお山の内にある。そして固い土地すべては一つの山脈であって、海の底として横たわっている深さまで達するには、少なくともこの三倍深く下がらなければならないだろう。

ところで自然がわれわれの目と直接調べることに隠しているものは、自然の活動によって現われ出る。地震は、地球の表面が全くアーチと空洞になっていることと、われわれの足の下には様々な迷宮でもって隠れている火坑が至るところに続いていることをあかるみに出してきた。地震の報告の経過がこのことは疑いないとするだろう。われわれは、海にその海床を準備した原因とまさに同じ原因を空洞に書き加えなければならない。何故ならば大洋が昔そこに滞留させていた沈積物について、山の内部で見つかった無数の貝塚について、深い地層から掘り出された化石になった海の動物について、すなわち、もしこれらすべてについて幾分かでも分かっているならば、第一に海は昔長い間すべての土地を被っていたこと、その期間は長く続いていてノアの洪水があったよりも古かったこと、そして最後にこの大水は、深い空洞の中で土壌が行き帰り沈降して水が入る深い土の水がめを作り、それら水がめの岸の間はなお柵で守られ、その間至るところで空洞によって下に埋められて沈んだ殻の高い地域が、固い土地になり、そして山の名の下にこの固い土地の最高の高さをすべての方向に走らせ、その方向には著しい長さに延びている険しい頂きをもった広がりになるまでは、引くことができなかったのが容易に分かるからである。

これら空洞すべてには、炎々と燃えている火または少なくともほんの僅かの刺戟だけで激しく荒狂い、そして地面を震動させるか、または一も二もなく亀裂させるような物がはいっている。

全円周の向きに広がっているこの地下の火の範囲をよく考えるならば、この火の作用を時折にも受けなかったという地球上の土地はないことを認めなければならないだろう。最も北の端ではアイスランドがこの火に襲撃されていて、しかも度々征服された。イギリスにおいて、スウェーデンにおいてすら、いく度か軽い震動があった。同じように南方の土地にも震動が起きていた。それは赤道に、より近い土地で、よりひんぱんで、より激しいものであったと私は思う。イタリア、赤道近くにあるすべての海の島、特にインド洋の島はそれらの床の不安定さのためひんぱんに火を起こしている。インド洋に属する島では今なお時折、火を噴《ふ》いているかまたは少なくともこれまで火を噴いたことがある山を全く一つももっていない島はなく、それらは正にひんぱんに地震に征服されている。この点でオランダ人はニクズク(3)とチョウジ(4)の高価な香料に応用するために、ただひとえにバンダ(5)とアンボイナ(6)の二島だけにその栽培を認可していたというヒプナー(7)の報告を信頼すべきものとするのは好ましい慎重なことである。もしこれらの島の一つが、たとえば地震によって全く壊滅する運命に襲われねばならない時には、これらの木が災害にさらされ地上から絶滅されないためにオランダ人は、互にはるかに遠く離れて常にこれら二つの植物の種苗園をもっていることになる。

赤道近くにあるペルーとチリは世界に一国というくらいひんぱんにこの災禍に悩まされている。このはじめの国では地震による少し軽い揺れが感じられなかった日はほとんどない。これをこの国の土壌の上に作用する、より強い太陽熱気の結果によると見なすと考えてはならない。四フィートの深さに達した地下室では夏と冬との差は全く認められない。太陽熱は土壌を奥深くまで浸透してゆき燃えつき易い物質を誘いそして運動を起こさせることはできない。反対に地震は地中の空洞の状態に従っており、それは初期のとき最も外側の地殻の陥没が作るはずの法則に従っている。そして地殻が赤道に近ければ近いほどより深くより多様な湾曲を作った。そのため地震の火口《ほくち》を含んだ坑道はますます広がり、そのため巧みに地震を起こし易くしたのである。

このような地下の通洞についての予備のことは、広大な国に地震が広く伝わっていくことについて、地震がつかんでいる地帯について、地震が最も多く希っている場所について、そして将来起こるであろう最初の地震について、全く重要性がないとは決してされないことについて、理解するためのものである。

今より、あの最近の地震の報告について始める。私は、人間が地震からはこうむらなかった災害の変遷、荒廃した町とその瓦礫の下に埋められた住民を記録してないものは全くないと承知している。想像力が描き出せる恐ろしいこと総てをとりまとめなければならない。人間の足もとの大地が動かされた場合、足もとのまわりが総て崩壊する場合、人の土地の中で動く水の一部が洪水によって災害を起こす場合、死の恐怖、総ての善意を全くなくす絶望、最後に他の不幸な光景がゆるぎない不屈な精神をも襲う場合に、人が見出すはずの驚きをいくらかでも、あらかじめ知っておくために。一つのこのような話は人の心を動かすものであろう、これが心の上に作用するから。これを恐らく心の改善に作用させることができるであろう。しかしながら私はこの事柄を巧みな人にまかせる。私はここにただ自然の作用、恐ろしい事件を伴ってしまった驚くべき自然の状態とその原因だけを書き記すことにする。

この最近の地震の前兆について

後に大変おそろしくなった地下の発火の序幕を、私は昨年十月十四日朝八時スイスのロカルノに現われた気象とする。かまどから流れてきたような熱い蒸気が広がり、二時間のうちに赤い霧に変わり、それから夕方近く血のような赤い雨になった。それは集めると九分の一が赤っぽい膠《にかわ》のような沈積物を降らした。六フィートの積雪も同じ赤に染まった。この深紅色の雨は四〇時間、約二〇ドイツマイル四方、たしかシュヴァーベン地方まで降った。この気象の後に三日間で二三ツォルの高さの水を降らすという不自然な豪雨が続いた。これは平均的な湿気の性質の土地で一年間に降る雨よりも多い。この雨は一四日以上も続いた、何時も同じ激しさではないけれど。スイスの山に源泉があるロンバルジア地方の川、同じようなローヌ川は水かさを増し、岸にあふれた。この時から至るところに残酷さを与えようとする大暴風が空から襲うようになった。なお十一月の半ばにウルムには深紅色のような雨が降った。大気の異常、イタリアにおける旋風、過度に湿気が多い天候が続いた。

この現象の原因と結果を理解しようとするならば地面の上で起きているその状態について注意しなければならない。スイスの山々はいずれもその下に広大な割れ目をもっていて、これは疑いもなく最も深い地下の道で一緒につながっている。ショイヒッツェル(8)は決まった時に風を吹き出す深淵を二〇も調べた。ここでもし噴き上がる流動性をもち空洞にかくれている鉱物の物質が、数日以内ごとに必ず突然に噴き出る、火が着き易い物質に着火するための準備ができること、および混じることによってしんから沸騰することになると認めるならば、もし、例えば硝石の精気に潜んでいる酸、水を加えるかあるいは別の原因によって働きが現われてわれわれの目で分かるように自然が必然的に準備した酸、この酸が注がれると浸食される鉄鉱石を認めるならば、これらの物質は混じって発熱し、そして赤い蒸気が山の割れ目から噴き出ることになるであろう。すでに述べた膠のような赤い雨をひき起こした赤い鉄鉱石の粒子が激しい沸騰のとき一緒に混じり運び去られることによって。このような蒸気の本性はそこの空気の膨張力を弱め、そして正にそのことによって空気中に浮んでいる水蒸気を一緒にして流れこむようにし、同時にその四方の大気圏に浮んでいる湿った雲を引きよせることによって、空気の柱が小さくなってしまった、前に名をあげて知らせた地域に、自然の傾きに従って、激しい降り止まぬ豪雨をひき起こすのである。

地下の沸騰はこのような仕方で突出した蒸気を使って隠れて準備した不運を前もって予告した。* この運命の仕上げはゆっくりした足どりでこの蒸気の後にやってきた。沸騰は燃えることをすぐに打ち消すことはなかった。沸騰して発火する物質は火が着く燃える油、硫黄、アスファルトまたは同じような物がかかわっているはずである。この発火が地下の通洞のあちこちに広がりつつある間、大地のアーチは震動され、そして消えてしまった燃える物質が他の物に混じり、そのものを火の点に着火する瞬間で宿命が完全に終ったのである。

*この震動の八日前カジスの土地[(9)]は地面から這い出た沢山な虫類で被われた。このことは挙げた原因を少しおし進めた。他のいくつかの地震の場合、空中の強烈な稲妻と動物の中に人間が感づいた恐怖が前兆となっていた。

一七五五年十一月一日の地震および海水運動

この衝撃が起きた瞬間は最も正確にはリスボンで午前九時五十分と決められているようだ。この時刻は、マドリードにおける時刻がこれら二つの都市の距離の差を時刻の差に換えるならば、すなわち十時十七分から十八分と認められるから、正にこのとおりである。この時刻に驚くほどの範囲に高潮が、海洋に明らかに共通して、そこに隠れていた風《ふう》にしてこの震憾《しんかん》で起こされた。フィンランドのツルクから西インドのエーゲ海まで、これを多かれ少なかれ許さぬ岸はなかった。これはほとんど千五百マイルの距離を正にこの時刻に征服したのであった。高潮がエルベ川のグリュックシュタットで認められた時刻を公の報道によって十一時三十分とされたのを全く正確と信ずるならば、それはリスボンからホルシュタインの岸まで達するのに十五分かかったことになる。正にこの時刻内に海水運動は地中海の全海岸で起こされた。それなのに、まだその範囲の全体の広がりについては分かっていない。

固い土地の上で海と共通のことはすべて遮断されているとみられる河川、源泉、湖は大変に遠く互に離れているところで同じ時刻に異常な動きをさせられた。スイスの多くの湖、辺境のテンプリン近くにある湖、ノルウェーとスウェーデンのいくつかの湖は、暴風雨のときより狂暴で異常な奔騰する運動に陥った。そして大気は平静だった。報道をあてにしてよいならばヌーシャテルの湖は隠れた峡谷の中に消えた。そしてマイニンゲンの湖は同様になったがすぐふたたび戻った。正にこの時分にボヘミアのテプリッツの鉱山の水は突然止まったが、またすぐ血のような赤色に戻った。河川を駆り立てた暴力はその古い流路を広げた。そしてそのためより激しい流れとなった。この町の住人は敬虔な「いと高きところ栄光神にあれ」を歌うべきであったが、リスボンの人々は全く別の調べをうたいはじめなければならなかった。人類を捕えた災難はこのようにして起こった。一つの種属の喜びと他の種属の不幸はしばしば同じ共通の原因による。アフリカの王国フェス(10)では地下の暴力が、そこの深い口を裂いて山一つと血のような赤い流れを吐き出させた。フランスのアングレームでは地下に轟音が起こり、平地に深い穴があき、その中に底知れない水をたたえた。プロヴァンスのジェムノの泉に突然、泥が混じりその後は赤い色で湧き続けた。その付近の人々は自分達の泉に同じような変化があったことを報告した。これらはすべて地震がポルトガルの海岸を荒らした時分に起きた。

正にこの短い時点に遥かに離れた所あちこちに土地の震動が感じられた。ただ、それはほとんどみな海岸に接近して起こったのである。海に面しているアイルランドのコーク、同じくグリュックシュタットと他のいくつかの所で軽い震動があった。ちょうどこの日海岸から最も遠く離れていて震動させられたのは多分ミラノである。正にこの朝の八時にナポリのベズビオ山(11)が荒れ狂った。そしてポルトガルに地震動が起こった時刻の頃に鎮まった。

海水運動の原因についての考察

報告には、このような大変に広い範囲ですべての河川および大地の大きな部分が、数分のうち同時に、感じられる動揺をうけた例はない。それ故この原因をただ一つの出来事から推測するためには慎重さが必要である。いま挙げた自然界の出来事をひき起こしたかも知れない次の原因がとりわけ想像される。すなわち第一に湖が揺り動かされている場所の下の至るところでの湖底の震動によると、それから火の脈が、これら湖に深く結びついていて、しばしば共通のことは遮断されている大地の下には広がらないで、湖の基底の下にだけ延びていて、この震動をひき起こした、という理由を挙げねばならなかった。地面の震動が、北海側のグリュックシュタットからバルト海のメクレンブルク州の海岸のリューベックまで広がって、これらの海のちょうど中間にあるホルシュタイン地方には全くなく、ただ正にそこの河川の岸近くに僅かな動きが感じられ、しかしそこの土地の内側には全く感じられなかったことに疑問が起こるであろう。しかしこれはテンプリンの湖、スイスおよびその他の湖の水の如く海からはるかに隔たっている水に高まりがあることで最も明白に解決される。河川を地盤の動きで大変に激しい水の高まりにするにはその震動は確かに少なからぬはずであるのは容易に認められる。しかしながら何故にその周囲の田舎の人々はみな、火の脈がその下になお必ず延びていたはずの激しい震動を気付かなかったのであろうか？　真実の目印のすべてはこの考えと反対であることがすぐ分かった。密な塊の地球に、その一ヶ所の塊によって起こされた衝撃が四方に押しこんだ震動は、火薬庫が破裂するとき相当離れている地面が動くのと同じように、この場合にも又すでに述べた原因の蓋然性が全くあてはめられないのである。その一ヶ所の塊を全地球の容量に比べるときに、それは物凄いほどの容量になるので、地球全体の運動は必ずその一ヶ所の震動を後《うしろ》に引いてしまうはずであったために、そして今、長さ一七〇〇マイル、幅四〇マイルの山を一マイルの高さに投げ上げた地下の火の爆発は、地球本体をその位置から一インチの幅も移動できなかったことが、ビュフォン(12)氏から教えられている。

それ故われわれは、巨大な範囲に震動を伝えるのに巧みであるなかだちの物質における、すなわち直接、海底の動きによって激しく突然に動揺される海と共通した関係にあるところの海の河川における海水の運動の伝わりを調べるべきであったであろう。

私はケーニヒスベルク週報の中(13)に、海をその底に起こした動きの衝撃によって全周囲に押しのけた暴力を評価するのを求めた。その時に私は、飛び上がった海底の震動の場所を一方の側がサン・ヴィンセンテ岬とフィーニステレ岬との距離、すなわちポルトガルとスペインの西海岸の長さに等しいただの四角と取った。そして上に存在する物体を一五フィートの高さまで飛び上がらせる力をもつ一種の地雷とみられるようなこの飛び上がる海底の暴力が、流動する状態の運動はそれに従って先に進む法則に従ってホルシュタイン地方の岸において最も速く衝突する河よりも、より激しくなったのであると取った。なおこれらの原因でふるまっていた、ここの暴力を別の視点から観察してみよう。マルシーリ(14)伯爵は、地中海の最も深い所を八〇〇〇フィート以上と測鉛を使って見出した。そして大陸に属して遠い距離にある大海はさらに深いはずであるのは確かだが、それをここではたった六〇〇〇フィートすなわち一〇〇〇クラフター深いとしてみよう。海の基底の上にある大いに高い海水の柱がおしかかる荷重は、大気の圧力の約二〇〇倍を越えねばならないはずであること、そしてこの荷重は、地球の奥にある火が持っている、そしてカルタウネ砲(15)の砲口から脈搏の時間に一〇〇クラフターも遠く投げ飛ばすであろう暴力をなおはるかに越えることが分かる。この驚くべき荷重は地下の火が海の底を高く迅速に打ち上げる暴力を抑えられなかった。だからこの動かす暴力がより大きかったのだ。海水は、横の側に急激に突き進むためには如何なる圧力でおされたのであろうか？ そして数分間、フィンランドと同時に西インド諸島においてそれが感じられたならばこのことは大いに不思議ではないか？ この直接、震動する基底の面は元来どれほど大きくあったであろうかは誰にも決められない。この面はわれわれが取り上げたものよりも比較にならないくらいより大きいであろう。あらゆる地震なしに海水の運動が感じられていたオランダの、イギリスの、ノルウェーの海岸における海およびバルト海の下においては、震動する基底の面が、これらの海の底の面と出会っていたことは確かではない。何故ならこれらの海の中の固い土地は一緒に震動されていたはずであるが、しかしこの土地が全く観察されなかったからである。

私は、大洋に通じている部分すべてが激しく震動することとは大洋の一部の決まった範囲が受けた唯一つの激突のせいだとするから、これに関して私は、全ヨーロッパのほとんどの固い土地の下に地下の火が広がっていることを否認しなかったとしたい。この広がっていることは、同じ時間の後に最も高い蓋然性を起こした、そして一つの原因に対してただ一つだけが対応するのでなく、すべてが一緒に現われるということ以外は、双方の関与をもった現象を起こしたのである。瞬間の衝撃を感じさせた北海の水の動きはこの海の底で荒れ狂う地震の作用でなかった。これと同じ作用をさせる震動は大変に激しいものであったはずであり、また固い土地の下で大変に著しく感じられたはずである。完全に倒壊する最大の災害で脅かした震動が、この日ミラノで観察された。われわれはまた弱い揺れ動きが、相当に広い大地に緩やかな運動をさせたこと、この揺れ動きが一〇〇ライン式ルーテン(16)の上の大地を一インチあちこちにぐらつかせたことを付け加えたい。だからこの運動は高さ四ルーテンの建物が一グラン(17)の半分ほどでなく、すなわちナイフの背の半分ほど垂直の位置から動かされたことになり、目につかなかったであろう。この建物の最高の尖頭からでも目につかなかったはずである。これに反して海は、この目につかない運動を大変に目立つようにしてしまったのにちがいない。何故なら、例えば長さ二ドイツマイルばかりの海の場合、その底の僅かなぐらつきによって、この海の水は相当に強いゆさぶりになってしまうからである。何故なら海水はそこでは一四、〇〇〇インチ上で一インチの落水そして水準位となるからである。この水準位はパリのセーヌ河の水準測量が教えてくれるように、正常な速さの流れが、海水にしばらくの間行きつ戻りつする振動の後に、大いに異常な震動を引き起こすことができた水準位よりほとんど全く半分小さいのである。われわれは地震動が固い土地の上で正常に感知されることがなくても、おおまかに見て取ったよりも大いに強いと当然のこととして、もう一度信ずることができる。それから内陸の湖の運動はより明白に眼で分かるのである。

このようにすべての内陸の湖、スイスの、スウェーデンの、ノルウェーの、そしてドイツの湖が、大地の震動は感知されないのに大変荒れ、波立っていたのをみても最早、不思議としないであろう。しかしある決まった湖、ヌーシャテルの、コモの、そしてマイニンゲンの湖は、この混乱で全く干上《ひ》がってしまったことは異例であると考えられた。そのいくつかは既に再び水で満たされているが、この出来事は、しかし例のないことではない。規則的に全く決まった時に隠れた水路から流れ去り、定まった時に再び帰ってくる湖がこの地球上にいくつかある。クライン公国のチルクニッツァー湖はこれについて注目すべき例である。それは湖底に穴があるが聖ヤコブ祭(18)の前では流れ出さないが、その日にはすべての魚と一緒に突然に水が流れ去る。そして三ヶ月の間よい牧草地と畑地として乾いてしまい、十一月頃、急に再び元にもどる。この自然の出来事は水力学の糖尿病(19)と比べてよく説明される。しかしながらわれわれの目下の場合には次のようであることが容易に分かる。すなわち多くの湖はその底下にある水脈によって流れ入りがされているから、周囲の高台のうちに水脈の源泉をもっている。そして水脈は地下の加熱の作用および水脈の水貯蔵所である空洞内での蒸発の事情に応じて、水脈に引き戻されねばならないだけの空気を吸い込む。そして湖水をも一緒に吸い入れる強力な吸上げ機械にさせられてしまった湖は空気の釣合いが元通りになった後、自然な流出口を再び探したのである。それからマイニンゲンの湖について公表された報告が説明しようとしたように、この湖は小川による外からの流れ入りがないから、海と地下の共同体をつくり続けているということは、釣合いの作用と反作用の法則ならびに一方の海水の塩辛さから、全く明白な不合理だと決められる。

地震は水源を混乱させるのを全く普通のこととしてこれまで振舞ってきた。ここで私は、止まってしまい、そして別のところで流れ出した水源について、大地のほんとうに大変高いところから流れ落ちてきた泉水および他の地震の事件の報告からの同じようなことについて全くの表を列挙できるはずである。しかしながら私の対象にのみ留めておくことにする。フランスからは泉が止まってしまい、別のところでおびただしく沢山の水が出てきたことが、われわれの数ヶ所に報告されていた。テプリツェシャノフの泉は止まって、哀れむべきテプリツェシャノフの人々を不安にした。泉は初め泥水になり、ついで血紅色となり最後にはふたたび前より強く自然になった。フェス王国およびフランスの大変に多くの地方で水に色が着くことは、私の判断によれば、沸騰した硫黄と鉄成分とに出合い、水源の通路がある地層を押し通ってきた蒸気が混じり合うせいである。この蒸気は、水源の源泉となっている水がめの内部に到達するときに、より大きい暴力で源泉を圧し出すかまたは同時に水を別な通路に圧し流す。かくして蒸気はその出口を変えるのである。

十一月一日についての報告の、およびこの報告のうちの事情が最も奇妙とされる水の運動の、最も重要で注意すべきことはこうである。海岸に近い地震または海水と連体となっている水の震動が、アイルランドのコーク、グリュックシュタットとスペインのあちこちに起きたことは、主として圧縮された海水の圧力によるせいであり、その暴力は、もしそれが出合う表面積を掛け合わせてその激しさを見積ると、信じられないほどの大きさでなければならないことは、私を最も信用させる。そして私は、リスボンの災害がヨーロッパの西海岸の大抵の町の災害と同様、前に述べた海洋の領域に関係した地勢によるせいであるという意見である。それは海水の全暴力がタホ河の河口で入江の狭さによって増強され地底を異常に震動させたに違いないからである。海水の圧力が震動を一部分担していなかった場合、震動は全く海岸に位置する町においてはっきりと気付かれるようにされ、なお陸地の内部において感知されなかったかどうかは誰でも判断できたかも知れない。

やはり、この大きな出来事の最後の現象は注目すべきである。その時かなりな時間すなわちこの地震後一時間から一時間半の間、海洋中に途方もない海水の高騰および交互に、最高の満潮より六フィート高くそしてほとんど間もなく最低の干潮より大変低く下がったタホ河の増水が見られた。地震の後と最初の途方もない圧力の後かなりな時間起こった海の運動は、倒壊物にのし上がり震動を免れた物を全く破壊しつくしながらまた都市セツバルの破滅を冒した。もし人が前もって運動する海底を通じて突進させられる海水の強烈さについて正しく理解していたならば、それが四方八方、無数の地域全体にその圧力を与えた後ふたたび戻ってくるはずであることを容易に想像できたであろう。この暴力の折返し時間は、それが周囲で作用した範囲の広さ次第であった。そして主に海岸での高潮は海水の標準からみれば全く恐ろしいほどのものとなったはずである。*

＊フーズムの港では海の高潮は、事実十二時と一時の間、また北海に最初の高潮が押しよせた時刻より約一時間遅れて認められた。

十一月十八日の地震

正にこの月十七日から十八日にかけて公の告示は、ポルトガルとまたスペインの海岸およびアフリカにおける著しい地震動を報道した。十七日正午頃、地中海の海峡のジブラルタルおよびイギリスのヨークシャーのホワイトヘブンの西方に地震動が感じられた。十七日から十八日にかけてアメリカのイギリス植民地の町に地震動があった。同じく十八日に赤道の下の地方においても、またイタリアのグロッタリエでも激しく感じられた。＊

＊同様にハートフォード伯爵領にあるグローソン近くのところに激しい轟音とともに深い淵が明けられ、それには底深く水が溜まった。

十二月九日の地震

公の告示を証言にするとリスボンに震動の激しい襲撃は、十一月一日以降この十二月九日の震動まで全くなかった。この震動はスペインの南海岸、フランスの海岸において、スイス山脈、シュヴァーベン、チロルを通ってバイエルンの中にまで感じられた。これは南西から北東に向って約三〇〇ドイツマイルを続いてかすめて過ぎ、同時にこれはヨーロッパの固い土地の最も高い所を縦に走り過ぎている。これは横の方にはそんなに広がらなかった。最も綿密な地理学著作家ファレン[20]、ビュフォン、ルロフ[21]は、横よりも縦により拡がっているすべての大陸が、その主要な山を縦の向きに走らせているのとちょうど同じように、大本すなわちアルプス山脈からのヨーロッパの山の最高の山脈は、またフランス南部地方を通って西に向いスペインの真ん中からヨーロッパの西の最外部まで延びている。途中、相当な高さの枝分かれした山脈を延ばしているにもかかわらず、そして全く同じように東にチロルおよびその他それほど高くない山を通して最後にカルパート山脈と突き当っている、ということを観察している。

同じ日のうちに地震はこの方向を通り過ぎた。もし、それぞれの所での地震動の時間が正しく記録されたとしたならば、その速さが幾分かは見積りできたであろう。そしてそれが最初に起きた所が蓋然的に決められたであろう。ただしかし報道は大変に調和していないので、これに関しては信頼できない。

すでに私はさらに、地震が一般に伝わるとき最も高い山の脈に従っている、そしてその上、脈と全く同じように非常な広がりのため、海岸に近づけば近づく程ますます、より引き下がってゆくことをあげた。長い川の方向は山の方向を大変によく指示している。山の中を互に同じ列に流れるようにして、長い谷の最も深い部分の中を走り続けるようにして。地震の伝播のこの法則は、思索または判断の事柄でなくして、多くの地震の観察によって決められたことである。それ故、レイ、(22)ビュフォン、ジャンティ等の証言を重要視しなければならない。しかしながらこの法則は大変に多くの内包的蓋然性をもっているので、また自ら容易にそれについて賛同を得なければならない。もし人が、地下の火が出入口を捜す開いた所は山の頂上より他には全くないこと、平地には火を吐く咽喉が全く認められなかったこと、地震が激しく数多い土地においては火の噴出に役立つ最も高い山が広大なのどをもっていること、そしてわれわれのヨーロッパの山に関しては疑いもなく一つにつながっている広大な穴はこの山の他には決してないと熟慮するならば、なおその上、前に述べた地下のアーチができることの概念を適用するならば、発火はヨーロッパの経度を走り過ぎている山の連鎖の下に、他のところよりも、そこの方により早く広がるために、とりわけ開いた自由な通路に出合うことができるのを説明するには全く困難がないであろう。

十一月十八日の地震の余震ですらも、広い海の底でヨーロッパからアメリカに向かう山の連鎖の関係があることを探すべきである。この連鎖は大変に低くつながっているようだから海で被われているけれども、なおそこで山をつくっている。何故ならわれわれは大洋の底でも大陸の上と同様に立派な山に出合うことを知っているからである。そしてこういう風にしてポルトガルと北アメリカの途中に存在したアゾレス諸島はこの関係をもたされねばならなかった。

十二月二十六日の地震

鉱物物体の加熱は、ヨーロッパで最高な山の根幹すなわちアルプス山脈を貫き通った後、山の列の狭い行路を南から北に向かって直角に開いた。そしてスイスから北海までライン河の方向に向かったのである。この河の西側のアルザス地方、ロートリンゲン、選定侯国ケルン、ブラバントとピカーディ地方およびクレーヴェ東部の一部および多分報道には名があげられなかったライン河と同じ側にあるいくつかの地方が震動した。それはこの大河の方向と並行に進路をとった。そしてその向きの両側の方には余り延びなかったのだ。

何しろ大した山がないオランダにまで地震が突き進んだことは、上記のことと、どうつじつまを合わせられるかと質問するであろう。しかしながら、それは大地が山の確固とした系列としての直接な関連にあること、そして地下の発火をさらに深い地盤にまで延ばさせるために山の続きであるとみられるべきである。何故なら空洞のつながりは、すでに述べた如く海底の下まで続いているように、大地の下まで延びているのは確かであるから、ということで満足される。

互に続いた地震の間に経過した休みの時間について

もし次々と襲ってきた地震動の経過を精密に観察したならば、もし推量を試みたいとのぞんだならば、発火が休止の後に新しく突発する周期を推測できたであろう。十一月一日以後、激しい震動が十一日ポルトガルに、同じように十八日にもあった。この時はイギリス、イタリア、アフリカそしてアメリカにさえ広がった。二十七日に強い地震がスペインの南海岸とりわけマラガにあったことが分かっている。それは、この時から十二月九日まで十三日間ポルトガルからバイエルンの南西から北への全地域までを打つまで続いた。そしてこの日から十八日間経過した後すなわち十二月二十六日と二十七日にヨーロッパの南から北までの緯度を震動させたので、要するに繰返された発火の間は九日または九日の二倍という大変ぴったりと当てはまる時間経過だったとされる。*もしわれわれが、地震はこの固い大地の山の最も奥に起こり、そして十二月にアルプスとその延長のつづき全体を動かすのにかかった時間を、あの時間経過として取り上げるならば、私はこれについて何か結論を出す終りまでは申立てない。むしろ似たような出来事の場合、寸分違わぬ観察と考察をひき起こすに報道は信用すべきところが少ないから。

*それは二十一日リスボンで大層激しかった。二十三日ルシヨンの山で、そしてそこでは二十七日まで続いた。このゆえに、それはふたたび南西からはじまり実際広がっていくのに相当、長時間を要した。地震の全範囲内で明らかにされるように発火地点をポルトガルの西方海岸におくならば、地震の始まりは一致している周期と相当な関係がある。

私はここで、ただ交互に休みふたたび始まる震動について一般的な事を述べてみたい。パリ王立科学アカデミーのペルー派遣会員の一人ブゲール氏は、この国の火を噴く山付近の不愉快さを評論に書いた。その雷鳴の如き轟音は彼を全く安静にさせなかった。ここで彼が行なった観察は、山が常に同じ時間を過ぎると静かになり、その狂暴は規則正しく交互に休止点をもって連続して起ったということで、彼に満足を与えることができた。石灰焼きがまが熱くされ、そしてすぐにその開いた窓から空気を吐き出し、その後すぐにふたたび吸いこんで、ある程度まで動物の呼吸をまねしているという、マリオット(23)が行なった観察は、両方が次のような原因に基づいていることで大変に類似している。地下の火は燃えさかるとき、そのまわりの空洞から空気すべてを突き出す。そして山は火を噴出する。しかしながらこの空気が発火口たとえば火を噴く山の口を見つけるとそこから外に出る。火の成分を一杯にしたこの空気は出火のかまどの周囲から追い出されるや否や、発火は止んでしまい、ついで空気の流入がなくてすべての火が消える。それから空気を追い散らした原因がなくなったので、追い出された空気がふたたび元のところに引きこまれ、そして消えた火を起こす。このような仕方で火を噴く山の爆発は一定の時間ごとに正しく互に交代する。また、そこですら膨張した空気には山の峡谷のために出口がないという正に地下の発火についての事情がある。この場合、発火が大地の空洞の一ヶ所で始まる時、それが、互につながっている地下のアーチの全通路に、広い範囲に空気を激しく押し続ける。この瞬間に火は空気の欠乏で消える。そしてこの空気の膨張の暴力が全く止むや否や、すべての空洞に広がっていた空気は、より大きい暴力をもってもとにもどる。そして消えた火が新しい地震を吹き起こす。ベズビオ山は、地の内部でちょうど沸騰が始まった時、山の咽喉を運動に駆り立てられた空気および連れてこられた火が通ることによって短時間、突然静かになった。その時リスボンに地震が起こったことは注目すべきである。何故ならば、そこを、これらの空洞と一つのつながりになっているすべての空気およびベズビオ山の頂にある空気が、発火の火のかまどへの全通路を通して通り抜けたからである。空気の膨張力の減少が空気の出入を許した時に。何と驚くべき物象ぞ！そこから二〇〇マイル離れている空気口で呼吸をやらせる煙突を想像されよ！

また正に同じ原因が、もし空洞とその結びつきが全領域に広がっているならば、われわれが地の表面で感ずるものをはるかに越えるであろうすべての暴力を、地の空洞の中に地下の暴風がひき起こすはずである。地震の進行中に足の下で感じられた轟音は多分、上の原因の他のせいでは決してない。

必ずしもすべての地震がそういう風にしてひき起こされたのではなく、震動した大地の真下で発火が起こしたのでなくて、地下の暴風の力がその上のアーチを運動させることができるということこそ正に蓋然性があると思われる。それにおいては、地の表面にある空気よりもずっと濃いこの空気が、非常に瞬間的な原因によって動かされ、そして拡張を妨げる通路の間でさらに濃くされ、法外な暴力を加えることができることを熟慮するならば、それはますます疑いが少なくなるであろう。十一月一日、地に起きた激しい発火によるヨーロッパの大部分の土地のゆるやかな揺れは、多分、動いている地下の空気の暴力の行動から生じたのではなくて、激しい暴風が、その拡張を妨げる地をゆるやかに震動させたということは、また蓋然性がある。

最も大きい最も危険な地震を多く従えている地下の発火の発生地について

時間を比べることで、十一月一日の地震には海中の大地に発火点があったことを、われわれは判断した。この地震動の前、すでに高騰したタホ河、航海者が測鉛でもって震動した地盤から運んできた硫黄およびこの航海者が感じた衝撃の激しさが、それを証拠立てる。以前の地震の報告でも、海底には常に最も恐るべき地震動が起きていたこと、およびその海底に近い海岸またはそれから余り遠くない所にも、ということを明らかに着目させるものがあった。このはじめの方の証拠として、私は荒れ狂う力をあげる。地下の発火は、この力でしばしば海の底から新しい島を突出させた。そして例えば一七二〇年、アゾレス諸島(24)の一つサンミケル島の近くで六〇クラフターの深さから海の底の物質を噴出させ、長い一マイル、海を数クラフター越えた一つの島を突出させた。今世紀の間に、多くの人びとの眼の前で海の底から高くなってきた地中海のサントリン島、そして私が詳細に目を通した他の多くの先例にも、このことを拒けられない証拠が見出された。

船乗りは、いかにも僅かしか海の地震をこうむっていなかった。それなのにある地域、とくに特定な島の隣では、海が海洋の底の噴火から軽石および他の同じ種類の物で一杯つまっている。海底の頻繁な地震動の観察は、どうして、海岸から余り遠くない所よりも、すべての固い土地の下の方の所の方が、決して激しくて頻繁な地震動にさらされないか、という当然な疑問と関連する。この最後の課題には疑いのない正当さがある。地震の報告をずっと通して読むならば、限りなく数多い災害が、海岸近くにある町また土地に地震のため起こされていた。しかし固い大地のまん中のそれらは大変に少なくそして甚大でなかったと認められることが分かる。古い報告はすでにこの恐るべき破壊を報じていた。それは小アジアまたはアフリカの海岸に被害を与えたものだ。内でも下でもなく、大陸の中央に改まって相当な地震動が出ている。半島であるイタリア、すべての海の最も多い島がこの災禍の襲撃をこうむっている。そしてわれわれの現代なおポルトガルとスペインの西および東海岸が、固い土地の内よりもはるかに多くの地震動をうけている。私はこの二つの問題に次の解答を与える。

地球の最も上の地殻に包まれており、つながっているすべての空洞の下は、疑いもなく最も狭くなっているはずである。空洞は海底の下に続いている。そこには固い大地から続いている地盤が、最深の深さで沈み、そして一方、大地の真ん中に向いている場所としての最も下の基礎の上に、とても深く座っているはずである。そして今、狭い空洞で発火し膨張する物質は、自ら膨張してゆくときよりも周囲には、より激しく作用することが分かっている。その上、地下の発火のとき、沸騰した鉱物物質と燃える物質は、火を噴く山から吐き出された硫黄の流れと溶岩が証明できる如く大変にしばしば川になったこと、そしてそこから、最も深い空洞に向かっている地下のアーチの基礎の自然な傾きのため常に流れていること、ここで燃える物質の頻繁な貯えのためより頻繁でより乱暴な地震動が起こるはずであることを信ずるのは自然である。

ブゲール氏は、海の底にいくらか割れ目ができ始まることで、海水の浸みこみが、自然に発火しようとしている鉱物物質を激しい沸騰にするはずだと正当に推論している。それから、われわれは、火が燃える鉱物物質を恐ろしい乱暴に変えることは全くできないのを知っている。荒れ狂うことを大変長く増やす水の流入が、すべての方向へ延び広がる水の暴力を、その行路にすべての土の物質を漂着させることを穴を塞ぐことによって、防ぎ止めてしまった時においては。

私の判断によれば、海岸に横たわる土地が著しく激しく震動させられるのは、一部にその重さという全く自然の性質によることであり、海水がこれに隣接する海底にかぶさって重荷となっていることによる。すなわち、アーチの地下の火がその上にかぶさっている驚く程の重荷を高く上げようと努めている暴力は、非常に抑えられているはずであること、そして同時にそこには暴力が膨張する空間がないこと、そこに隣接している水のない土地の底に向かって、自分の暴力を全部向けねばならないことは、誰でも容易に分かる。

地震によって震動される地底の方向について

広い土地で地震が広がってゆく方向は、地震の暴力を加えられて地盤が震動してゆく方向と異なっている。もし燃えている物質が広がりつつある隠れた空洞の最も上の天井が水平方向であるならば、地盤は交互に直角の位置に高くなり低くなるはずである。もしそうでない時は、地盤の運動は一方の側が他方の側より、全く確かにより大きくなるだろう。それからアーチをつくっているところの地表が一方の側に傾いているならば、地の火の震動させる力は、またその高さでの水平に対して斜めの方向に、地表を駆り立てる。そして、もし地層がどのように傾いているか、火の洞穴がその下どれだけ深いところにあるかが、いつも確実に分かるならば、常に地盤の揺れが起こるはずの方向を推定できる。震動させられた地盤の最も上の表面の傾きは、空洞がその全体の天井でもってつくっている傾きの状態の確かな標識ではない。何故なら、上の方の地層は、最も下の基盤が、表面の状態と全く一致していない多様な湾曲と隆起をつくるかもしれないからである。ビュフォンは、地球上で見付けられたすべての各種の地層には、すべてを含んでいる穴を上から被っていて、その幾部分は雨と暴風が固くない物質を完全に洗い流してしまってより高い山の頂として露出している共通した基礎の岩石があるという意見である。この意見は地震が知らしてくれることによって多くの蓋然性をもっている。すなわち地震が与えるようなその程度のものが出す暴力が、長い間にしばしばくりかえす襲撃をして壊し、上に動かしたものとしては、岩石のアーチの他にはなかったであろう。

このアーチの傾きは、海岸においては疑いなく海へ向って下がっており、そしてまた海が横たわっている方向に切り立っている。大きな川の海岸のところでは、アーチは水流が落ちこんでゆく方向に絶壁となっているはずである。何故なら川が水のたまる池または湖を途中でつくることをしないで、大変に長い間そしてしばしば流れ通っている数百マイルを越える地域を観察するならば、この地域の一様な傾斜というものは、多様な湾曲なしに、一様に海底まで傾いてゆく間に、川に流れこみのための傾いた平面を与える非常に固い基礎によるものであるように、全く説明できるからである。この理由から大きな川の側にあって地震動があった町の地盤の揺れは、タホ河においては西と東から、この川の流れの方向に起こったこと、*それから海岸に位置する町の地盤は海に向いて傾いた方向にと、推定すべきである。私は他のところで、(25)町の本通りが正に地盤の下がる方向に続いている町が、起こる地震で完全に倒壊することには、地盤の位置がかかわるかも知れないと取り入れた。この観察は単なる臆測ではない。それは経験の事象である。非常に多くの地震について確かな情報を集める機会があったジャンティは、このことを多くの例によって証明した一つの観察として報告している。すなわち、もし地盤が震動される方向と町が建てられている方向が並行しているならば、その町は徹頭徹尾、倒壊するであろう。代りに、もし町がそれに直角に交差しているならば、より少ない災害が起こるであろうと。

*ちょうど川には海へ傾いた勾配があるよこうに、陸には、その側に海床に向かう傾斜がある。この後の方の傾斜が全地球の層に当てはまっていて、そして最も深いところの傾斜が正に発震動となるならば、その地震動の方向は、またこの傾斜によって決められるだろう。

パリの王立アカデミー報告は、(26)地中海の東部海岸に位置するスミルナが(27)一六八八年地震動された時、東から西の方向につくられたすべての壁は倒壊し、そして北から南のものは、そのまま残ったと報じた。

震動された地面は同じような揺れを起こす。そして地面上、揺れの方向に建てられたすべての物を、最も激しく動かす。大きな動きをするすべての物体、例えば教会のシャンデリアは地震の場合、衝撃が起きた方向を示すのが常であり、そして町をどの方向に建てるべきかとその位置を決めるために、町にとって今までいわれていた何かあいまいな印より、はるかにより確かな目標である。

地震と季節との関係について

すでに何回もあげたフランスのアカデミー会員ブゲール氏(28)は、彼のペルー旅行記に、この国の地震は全季節を通して数多くたびたび起こったが、それでもなお年末より秋の月に最も狂暴で最も頻繁と感じとられた、とあげている。この観察は、十年前、都市リマの沈没および前世紀、人口がちょうど同じくらいの他の町の埋没の他、これについて大変多い例が認められる故に、アメリカにだけ数多いその証拠が見られるのではなく、またわれわれの大陸においても、この最近の地震の他に、なお地震動と火山の噴火は、秋の月に他の季節のいずれよりも、より頻繁であったことが報告に伝えられている。この一致は共通な原因をひき起こさないだろうか。そしてペルーの大山脈の山の間の谷に九月から四月中まで続く雨、およびわれわれのところの秋の季節に最も頻繁な雨、これらの雨の上にこそ、より適切に推測が見られないか？　地下の燃焼をひき起こすには鉱物物質を沸騰させる他には何も必要としないことは分かっている。しかしこれを水が行なった。それが山の割れ目を通って漏れ、そして深い岩脈に流れ去った時に、雨がまず沸騰を刺激した。これが十月の半ば非常にたくさんの異常な蒸気を地底の内部から噴出させた。しかしながら正にこの雨こそが大気圏にもっとたくさん湿気の流れを巻き上げたのだ。そして岩の裂け目を通って最も深い穴まで貫いていった水が、始めの発火を成しとげたのである。

地震の大気圏への影響について

上では地震動がわれわれの空気に与えた作用の例を観察した。地下の発火の蒸気については、これが多く自然現象に基づいていることが、よく一般に考えられるとして信ずべきである。われわれの大気の中に、時々、全くありえなかったようでもない原因が入ってきて、そして大気の正常な変化が乱される場合、気象ではこのような不規則性と大変に少ない一致性に出合ったであろうことは、ほとんど不可能であっただろう。太陽と月の運行は、その常に似ている法則に結びついているのに、海と地球は全体を考えた場合、常に一致して留まっているのに、何故、天候の推移は多くの年が過ぎ去った後、ほとんど常に異なった結果になるのか、その蓋然的な理由を考え出すことができるか？この不幸な地震動およびその少し前から、われわれの全大陸を通して、それ故に地震についていくらかの予測をみたならば、許されたであろうほどの異常な気候であった。いくつかの地震が起こる前には暖冬の気候であったのは事実である。しかし地球の内部の沸騰が、それならば大気圏に著しい変化をひき起こすことができる蒸気を、岩石の割れ目、地層の裂け目を通し、そしてやわらかい物質の同様のところを通してさえ、噴出させたことは滅多になかったのはもっと確実ではないか？ミュッセンブルーク[29]は、たった今世紀中、実際にはたしか一七一六年からヨーロッパにおいて、そしてその南の土地においてまで輝く北極光が見えたことを観察した後に、大気圏におけるこの変化の最も蓋然性な原因をば、数年前から頻繁に荒れ狂った火山と地震が、火が着きそして揮発し易い蒸気を突き出し、これを最も上の空気が自然の流れを使って北に頻繁に堆積し、そこでこの蒸気が北から頻繁に見えるように、燃える空気現象を起こしたこと、およびこの現象は多分、新しい吐き出しが減少をふたたび補うまではだんだんと衰えるはずであること、とした。

われわれがみたような変化した天候は、あのカタストロフィの結果であり得ることは、自然に適っていたかどうかを、この原則に照して研究してみよう。晴れた冬の気候およびこれが導いた寒冷は、この季節にわれわれの最深点から太陽の、より大きな間隔の結果では決してない。何故なら、われわれはしばしば、寒冷にもかかわらず空気は大変に適切であるといえる。そうではなく、むしろ、時には東風を出す北からの空気の流通が、われわれの河川を氷でおおい、そして北極の冬の一部をわれわれに感じさせる冷たくなった空気を、寒帯からここまで運んでくることを経験するからである。この北から南への空気の流通は秋と冬の月が大変に自然だとされる。もし他の原因が、すべての乾いた土地から十分な距離にある海において、始終この北風または北東風に吹きさらされている空気の流通をさまたげないならば、この流通は、それからまた南半球上では空気を希薄にし、そのため北半球に空気を引き寄せるのを起こさせる太陽の作用によって全く自然に基づくので、これは不変な法則とみなされるべきである。そして幾分は陸地の状態によって変えられるが、しかし中止されることはない。もし今われわれの南にある土地の何処かで地下の沸騰が加熱した蒸気を噴出するならば、これは初め上昇した地域の高いところにいる。下降することによってその膨張力を弱め、そして豪雨、暴風、雨、等々をひき起こす。しかしながら、後にこの大気の部分は大変に多く湿気を背負っているから、自分の重さによって隣の大気を動かし、そして空気の流通を南から北へひき起こす。しかし、今われわれの地球圏での大気圏の運行は、この季節、北から南へが自然なのであるから、これら二つの互に対抗する運動が滞留するだろう。そして最初には、一緒に駆りたてられた蒸気のため、曇った、雨を含んだ空気は、しかし同時になお、バロメーターの高い状態に達するだろう。＊二つの風の戦いによって圧しつぶされた空気は高い柱を決着するはずであるから。そして、これによってバロメーターは高い状態で雨の天候であるならば、バロメーターが間違っていることを見出すだろう。何故ならば、そこで正に空気の湿潤さは、蒸気を一緒に駆りたて、そしてそれにもかかわらず空気を相当に圧縮し、そして弱くしうるところの二つの互に逆らって戦う空気の流通の作用であるからである。

＊このようなことは湿った冬の天候の場合、ほとんど常に見られた。

私は、あの恐ろしい日、万聖節、アウグスブルクにあった磁石がその役目を放り出し、そして磁石の針が混乱におとしいれられたのを、黙って見すごすことはできない。ボイル[30]は、すでにナポリの地震の後、突然これと全く同じことが起こったのを報告していた。われわれは、この現象について根拠を示してくれる磁石の隠れた性質は僅かしか分かっていないのを承知している。[31]

地震の利得について

人間への大変にすさまじい、この罰の笞を、その利得性のサイドについて取りあげてみることには、ひとは驚くであろう。それに結びついている恐怖と危害に、ただ解放されることには、人は棄権するものだと、私は信じている。われわれ人間はそのような天性なのである。われわれは、すべての生活の楽しみに不公平な要求、権利をこしらえた後には、利益を費用であがなうことを全くしない。われわれは要求している。大地は、人間がその上で永久に住むことが望みうるような状態になっていなければならないと。これに関してわれわれは、すべてをわれわれの利益にと支配するようになるだろうと、うぬぼれる。もし神の摂理が、なおわれわれの要求について問い質したならば。それだから、われわれは例えば雨を意のままにしたいと望むのだ。われわれの便宜に従って雨を年中、分けることができ、そして常に曇った日の間に快い日を楽しまねばならないために。しかしわれわれは泉を忘れている。これは無しで済まされなくて、そしてなお雨のような仕方で決して中断されてはならないものだ。全く同じように、われわれは利得を理解していない。それは、地震の中でわれわれを恐れさせている正に、原因をわれわれの手に入れさせることができ、そしてそれにもかかわらず地震を追いはらうことができたであろうものである。死すべきものと生れた人間として、われわれは、その幾人かが地震で死んだことは忍び難い。そしてここの、よそ者であって全く財産を所有しない屠殺者が、自然の普遍的な仕方で、間もなく自ら力尽きて、消え去ったことは悲しい。

もし人が燃える物質で一杯になっている地盤の上に家屋を建てるならば、その建物のすべての壮麗さは、おそかれ早かれ地震動によって崩れ去ってしまうかも知れぬことは容易に分かる。しかし人は、それにもかかわらず、一体この、先が見える道をあせるようにならなければならないのか？　地面の上に地震が時々起こったことは避けられないのであった。しかしわれわれがその上に華麗な住宅地を建設したのだと、判断するのがまたより良いのではないのか？　ペルーの住人は、壁が低く築かれ他の部分は暖竹でできている家に住んでいる。人間は自然に順応するようにならなければならない。しかし人間は、自然が人間に順応すべきであることを望む。

また地震の原因が、かつて一方では人間に損害を起こしたことは、他方では造作なく人間に利潤でもってあがない得る。われわれには分かっている。将来、健康改善のため、多分かなりな数の人間に役立ちうることになろう温熱浴は、地球の内部において、鉱物の本性と熱を動かしている発火を先に進めている原因と、正に同じことのために、鉱物の本性と熱をもっているということを、人はずっと以前に推測していた。山脈中の鉱石段層は、ゆっくりとした作用でメタルをらんじゅくなものにしてしまう地下の火のゆるやかな結果であり、この火が、岩石の真ん中を貫き通る蒸気によってらんじゅくなものをつくりそして沸騰させながら、ということを。われわれの大気圏は、その中に含まれている丈夫な死んだような物質の他、ある作用し易い元素、揮発性な塩および植物の結合体の中に入るべき成分を、動かしそして分けることを要求する。それは信じられないか。これらについて沢山な部分を絶えず消費する自然の生成および、最後にはすべての物質が分解と結び合いをうける変化が、最もよく働く粒子を、時と共に全く使い果たしてしまわないか、時々、新しい流れこみがないならば？　少なくとも地球世界は強い植物を養っているときは、つねに弱くなる。しかし休止と雨がそれをふたたびよい状態にもたらす。しかし、補充なしには有効に使われないこの強い物質は、結局、何処から出ることになるのであろうか、もし他の所の源でないものが、それらの供給を怠らないとするならば？　そうすると、これは推測するに、地下の空洞が最も作用し易くそして最も揮発性の物質にもっている予備品であり、その故に空洞が時々その一部を地球の表面にまき散らすのである。私は、なお述べておく。ヘールズ(32)は、生き物の発散物が刺し留まっている空気の牢獄および一般の便所を、硫黄の煙を使って解放するのに成功したことを。火を噴く山は、限りない量の硫黄の蒸気を大気圏に噴出している。何人かの人には分かっている。この蒸気を詰めこまされている動物の発散物は、強力な解毒剤がそれに対抗して与えられなくとも、時とともに有害にならなくなるだろうことを。

最後に、地球の内部の熱は、深い空洞で起こっている活動および発火の大きな利得についての強力な証拠を与えていると、私には思われる。深いところ、いや人間が山の内部でのみ到達している最も深いところには、太陽のせいにはできない永続的な熱があることは日常の経験によって確定している。ボイルは十分な数の証拠を引用した。それによって明らかにした、すべての最も深い立坑では、まず上の地域は、夏期に外部の空気よりはるかに冷たいのが感じられる。しかしより低く下がれば下がるほど、その地域はより暖かくなっているのだから、最も深くに働く人は労働の時に着物を脱ぐのを強いられる、ということを、誰でもこれは容易に理解する。太陽熱は地球の大変に僅かな深さまでしか到達しないから、最も下の空洞には、最早、最も微小な作用さえ与えられない。そしてそこにある熱は、その最も深いところを支配している原因に基づいていて、かつまた、夏期、下からより高く上がれば上がるほど減ってくる熱から見てとられる、ということを。ボイルは、使用した見聞を慎重に比べ吟味した後、大変、理性的に結論した。われわれが到達できない最も下の空洞の中に、永続的な発火および、その熱を最も上の地殻まで伝える。そのため絶えることのない消え難い火に、出会うべきであらねばならないことを。

もし、それ故に、このような事情にあるとするならば、どうして人は次をつけ加えることをせずにいられないか。

もし太陽がその熱をわれわれから取り上げるときにおいて、植物の生長力と自然界の摂理を助けることができ、今のところは地球に適度な熱を常に養っている、この地下の火に最も好都合な働きを期待することにならないのか？　それから大変に多くの利得があるらしく見える場合、双方の突発によって人間種属に起こす損害が、すべての被造物についてわれわれが摂理に対して責任がある感謝することから、われわれを免ずることができるか？

私がこのことを激励のために述べた根拠は勿論、最重要な確証を得させてくれるような性質のものではない。しかしながらこの推測はまた、それが懲罰されてからは尊敬すべきであり好意のものであると最高の存在に対し、人間が感謝の気持を動かす次第によっては、これを受け入れる価値がある。

注　釈

上で私は地震が硫黄を含む蒸気を地球のアーチを貫通して追い出すことを述べた。ザクセンの山の坑道についての最近の情報は、新しい実例によってそれを証明している。働く人たちは廃棄しなければならない硫黄を含む蒸気について大変一杯になっている情報は今、誰でも容易に見つけ出す。アイルランドのトゥアムでの出来事、そこでは吹流しと船旗の状態に、空気が光っている現象が海上に見え、それらの色はだんだんと変わり、そして終わりには明るい光が放散し、その後地震の激しい襲撃が起った事は、これについての一つの新しい確証である。最も暗い青から赤へ、そして最後に明るい白い輝きまでの、この色の転移は真先に突き破って出てきた大変薄い蒸発物にあって、この色がだんだんと多くの蒸発物のたくさんな流れこみによってふやされたのである。一言つけ加えると、この色は自然科学において分かっているように、光の度合を青色から赤色へ、そして最後に白い輝きへと通り過ぎるべきものである。これらすべてが、あの衝撃の前、先に通り過ぎたのだ。これはまた海の底に発火の火床があったことの一つの証拠でもある。その時、主に海岸において地震が感じられたから。

もし、昔から最も頻繁で最も苛酷な地震動が感じられた地球の場所について、より広く観察を広げようとするならば、やはり西の海岸が東の海岸より、つねにはるかに多い襲撃をうけたことが決められる。イタリアにおいて、ポルトガルにおいて、南アメリカにおいて、勿論この間のアイルランドにおいてさえ、この見聞は一致することを証明した。新世界の西海岸に横たわるペルーには、ほとんど毎日のように地震動がある。それにもかかわらず、大洋が東にあるブラジルは地震動を全く感じない。この不思議なアナロジーから、いくつかの原因を推量したいとのぞむなら、それを確かに一人の画家ゴーチエ(33)に許せる。もし彼が、自分の色彩と手法の源泉である太陽光線に、すべての地震の原因を捜し、そして正にこのものがわれわれの大きな球体を西から東へと回転させ、同時に西の海岸により強く当り、そして正にそのためこの海岸が大変に多い地震で悩まされるのであろうと信ずるのであれば。しかしながら、このような投射は、一つの健全な自然科学のなかでは、ほとんど反駁をうけないものだ。私には、この規則の根底は、今のところまだ十分な説明が全くされてなかった別の規則の根底と結びついていると思われる。すなわち、ほとんどすべての土地の西と南の海岸は、東と北の海岸よりもより険しく絶壁になっていること、それはダムピエール(34)が、自分のすべての航海において、ほとんど普遍的に見つけた報告によったとされる地図を一見することによって、よく確証されることである。もし陥没している固い土地の湾曲の起源をきわめるならば、最も激しく墜落している地域には、地殻がただゆるやかな傾きになっているところよりも、より深いそして数多い空洞に突き当るはずである。このことは、また上に述べた如く、地球震動と自然的関係がある。

結論の考察

この最近のカタストロフィが、われわれの同市民の下にひき起こしたような、あんなに多い悲惨さを見ることは、人間愛をよび起こし、そしてあのような苛酷さで同市民を襲った災難の一部分を、われわれに経験させねばならない。人は、しかしそれに非常に反対し謝絶する。もし人が、荒廃した町に犯行のため襲うこの運命を、定められた罰の審判とつねに考えるならば。そしてもし、われわれが、この不幸を、この上で神の正義の怒りをみな、怒りの皿に注ぎ出す神の懲罰の目的と思うならば。この判断の仕方は、神のみこころをのぞき見て、そして誤解してしまうことを、あえて行なう罰あたりなおせっかいである。

人間は、自分だけが全く神の配慮の唯一の目的だと考えて、うぬぼれている。あたかも世界の管理において、その手段を整えるには、ただ人間より他には、それを向ける目標が全くないかの如くに。自然の完全なる本質は、神の英知の尊厳な事物および神の造営であることを、われわれは知っている。われわれはこの本質の部分であり、そしてこの全き本体であらんことを欲している。自然の完全な原則は、大体において決して考察の中には現われるものではない。そしてそれは正しい関連をもってわれわれの上に整頓されるべきだ。世界において、便宜と安楽に達しているものをば、人はただわれわれのためだけに、そこにあると思う。そして自然は、人間を懲らしめたり、脅かしたりあるいは罰を与えたりするような、人間に対して全く不便宜の原因になる変化を決して始めない。

それにもかかわらず、無限に数多い悪ものが落ち着き払って眠っていること、ある国では、地震が昔の人と今の人を区別なく昔から震動してきたこと、キリスト教のペルーは、異教のペルーより大変多く震動されていること、そして清くて正しいことが、他よりも立派であるのを決してわがもの顔にできない多くの町が、創生の時から、この被害から解放されていることをわれわれは見るのである。

もし、神が世界の管理で念頭においている意図を、人間が推しはかろうとするならば、ひとは真っ暗の中にいることになる。しかしながら、もしわれわれが、この先見の道を神の目的に従ってとり進むべきとするように用いる次第によっては、決してわれわれは不確かの中にはいない。人間は華美な舞台の上に不滅なヒュッテを建てるために生れてきたのではない。人間の全生涯は、はるかにより高尚な目的をもっているから、地球の地所が、われわれの幸福への志向に全く満足を得させてやるのはできないということを、われわれに思い出させるため、世界の不安定さが最も大きく最も重いものとわれわれに示している事物の中にちらつかせているすべての蹂躙《じゅうりん》は、この目的と何と大変に矛盾していることか！

私は、あたかも人間は自分に特別な利益なしに自然法則の不変な運命に任せられているかのように暗示しているのでは決してない。自然の運行から改正を必要としない公正を引用している正に最高の英知は、低い目的をより高い目的の下に従わせた。そしてこれはすべての自然の素質をはるかに上回っている、より高い目的に絶えず到達しようとするため、自然の普遍の規則の最も重大な例外をしばしば造った。そして正にこの意図の下に世界の管理において人間種属の取扱いはまた自然の事物の法則に従って指図されるのである。もし一つの町あるいは土地が、神の摂理によるそのところとその隣人を恐怖に陥れる災害を防ぐときには、いかなる仲間が彼らを脅かすこの破滅を予防するのに彼らに味方すべきであるか。そして意図の実現まで先見の道すべてが一致して人間を招くかまたは押しやるか。意図を明らかにする合図にはきっと裏表があるのか？

種族の長、そのほか苛酷な災害で人間種属をあらゆるサイドから脅かす闘争の不幸を人間から防ぐため、崇高な心魂に励まされ人間のこの災厄を動かすようにさせられる種族の長は、神の慈悲深い手のなかの慈善の器械であり、そしてその価値を彼らが大きさでは決して評価できないところの、かの方が地球の民族に準備する贈り物である。

続、地震の考察

少し時がたってから熟考した地震動の考察の続き

地下の空洞の火はまだ静まっていない。地震動は先日もなお続いて、昔からこの災害を知らないでいた地域住民をこわがらせた。大気圏の異常は地球圏半分の、四季を変化させた。最も学問のないひとは、この変化の原因を言い当てたと思っているだろう。幾人かのひとが、分別と考察もなく、地球は、どの位の度合いか私には分からないが、ずれてしまい、そのままになって、太陽により近くなったと語っているのを耳にする。この判断は子供にとっては価値があるであろう、このずれた頭の夢を観察の代わりに売ることを改めて思い立つときに。ホイストン(1)が、哲学者に彗星は恐るべきであると教えた後で、そこで彗星を話題にするのもまた当然である。災害の源を近くに認めることができる場合に、その原因を何千マイルも遠くにさし出しておくことは、ひきょうな回避である。トルコ人はペストについて、そのようにした。ひとは、いなごについて、牛の疫病についてもそのようにした。他の多くの災害について、ひとがそのようにしたのを、神は御存知である。限りない遠方において原因を認めることは、第一、目の鋭い思考力の正しい証明である。

正当な自然科学の法則が、推測を証明することが分からないで、法則から大きく外れていることで一致している多くの推測の中で、アルトナ(2)の教授プロフェ(3)氏が公告に書き添えた思考によるものは、容易にこれを受け入れることができる。実はずっと昔は、大地の上で大きな出来事に気づいた場合、それが惑星の所為《せい》だと余り疑いをかけなかった。ディグビイ(4)およびヴァルモン(5)の魔術の不可思議、それからブロッケン(6)山の夜のできごとを、われわれが敬愛する先輩、親愛なる占星師らが、星の罪だとしたきびしい告発の表が、空想のことの古文書の中に、運命の女神の真実の報告と並んで記されてある。しかし自然科学がこの奇妙な思想をきれいになくして以来、すぐニュートンのような人が実在の力を発見し、経験によって実証した、この力はまた最も遠く隔った惑星が、それでもって互に相対抗し、そしてわれわれの地球に対しても作用するものである。しかしながら、重ね重ね運の悪いことには、この独特な性質を極端まで働かせることを駆りたてるものは、この力の質量なのである。そしてこの力の作用の本性は確定している。実際、まさに幾何学の助けによる観察によって、われわれはそのものを表わし示すことができることには幾何学に感謝すべきである。ここで最早この力の作用から望むことを知るのはできない。われわれは手に秤をもっている。この秤で先に問題にした原因に対する作用を測ることができる。

もし一人が、ひと度、月は地球の海を引っぱる、そしてそのため干潮と満潮といわれる大洋の増水と沈降をひき起こすこと、同じようにすべての惑星は同様な引力を与えられていることを話したのが許されるならば、そして惑星が、地球と月を通って引いた直線のほぼ上にある惑星の引力と月の引力が合成する時に、私が言う事柄をより詳しく調べる使命のないような人が、この合成された力は、われわれが十一月一日にみた地球の海を暴力の運動にしてしまったばかりでなく、また地下の蒸気によく作用して地震をつくり出す火口《ほくち》を刺激することが出来たと推測したならば、そこでひとは彼からこれ以上望むことはできない。しかし、ひとは博物学者にはもっと期待した。作用に少しばかり類似性をもった原因に出合うことはまだ果されてない。この類似性はまた大きさに関して釣合っていなければならない。私が一例をあげよう。リスター博士(7)、昔ロンドン協会の熟達した会員はアオウキクサ(8)という海の植物が異常に強い発散物を身にもっていること、そしてこの植物は熱帯の海岸に繁茂していることに着目した。その時この強い発散物が空気をいくらか動かすことができるから彼はこう結論した、海に絶えず吹いていて一〇〇〇マイル以上も陸から遠く広がっている全世界の東風は、この植物のこと、とりわけこれが太陽に従って動くことから起こるのだと。この意見のおかしなことは、中に作用対原因の関連が徹頭徹尾ないことである。惑星の力については正にこのような事情になっている、もしこの力を、これから到来するはずの作用、すなわち海の運動と地震の刺激に対照するならば。ひとは多分言うだろう、それならばわれわれにはこの惑星が地球に対して作用させることができる力の大きさが分かるか？　と。私が今すぐ答えよう。

ブゲール(9)氏、有名なフランスのアカデミー会員はペルー滞在中に、リマ大学数学教授に就任を望んだ学者が、地震の天文時計という題名の本を著わし、その中に月の運行から地震の時刻を予告するのを試みたと語っている。このペルーの予言者は、そこでは地震がほとんど毎日起きており、ただその強さだけが異なっているのだからそれをよく予言しえたことは容易に推定できる。ブゲール氏はこれにつけ加えている、一人の人間が考察もしないで、月の昇交点と降交点、近地点と遠地点、朔《さく》(10)と衝《しょう》(11)をむやみに振りまわし、結果によって実証されたことの一部は、時として偶然に予言できたと。そして彼の予言はつねに失敗ばかりではなかったことを認めている。彼自身も大洋の海水を大変強く動かす月が、地震動にいくらか影響を与えることができるということは、全く真実でないものでもないと推察している、月は、それが異常に高く上げた海水を、そうでなければ届かない一種の地球の割れ目まで導き、そしてこのことが深い空洞の中に荒れ狂う運動をひき起こすことによってか、あるいは全く異なった他の種類の因果関係によってかと。

もし惑星の引力が物質の核心に作用し、そしてその理由から最も深く隠れている地球の通洞に閉じこめられている蒸気を運動させることができるのを熟考するならば、月から地震へのすべての影響を否認するのは困難となろう。しかしこの力はせいぜい地中にある可燃性物質をわずかに刺激するだろう、残りの事、地震動、海水運動はもっぱら今言った物質の作用によるだろう。

もし人が月よりも遠い惑星に上がっているとするならば、月からの距離が増すに従って惑星の能力はだんだんと減ってゆく。それから互に合成しあうすべての惑星の力はただ無限小の量を与える、もしこの力をわれわれに大変近い月だけによる力に比べるならば。

自然の知識の中で人間の悟性が行なった、やはり幸運な研究の報酬とみなければならぬ素晴らしい引力の法則を発見したニュートンは、衛星を自分の回りにもつ惑星の引力を見出すことを教えており、そしてすべての天体のなかで最も大きいものの引力、木星の引力は、太陽の引力の千分の一より少し小さいと決めている。この力による能力は、われわれの地球に変化をもたらすことを、地球から距離を隔てて転回するルーレットのように履行させる、太陽よりも、地球から五倍も遠く隔たっている木星の場合もまた同様である、もし木星の引力の割合が、太陽の引力が地球だけに作用しうることに対し一三〇、〇〇〇倍も小さい(12)と判断されるならば。さて、それから太陽の引力は、海洋の水を約二フィート高く上げること(13)ができる。このことは経験と計算とが一致していると世に知られている。木星の引力と太陽の引力が合成されるときの引力は、なおこの高さに二五分の一デチマル・スクルペルを付け加える。(14)これは髪の毛の幅の約三〇分の一となろう。火星と金星は木星に対し比較にならぬほど小さい天体であり、それらの引力はそれら集団に比例することを熟考するならば、二つが一緒になってわれわれの地球に対し、引力によって、木星より約二倍ほどの能力を作用するとするのは余りに多過ぎる、二つはわれわれに木星よりも約三倍近いから、たとえ二つが木星よりも百分の一ほどの物体量とそれに従う引力をもっているとしても。しかし、もし私が寛大になってその能力を十倍強いとしたとしても、二つは合成して、海水を髪の毛の厚さの三分の一も増水できない。もし他の水星と土星をそのために取り上げて、それらをみな朔《さく》のときに観察するならば、それらは、月と太陽が共同してひき起こす海水の増水を髪の毛の幅の半分ほどの長ささえも増すことは出来ないことが明らかになるだろう。今や月と太陽の引力による恐ろしい海水運動について気づかうのは滑稽ではないのか？　もしそれらが海水を上げる高さを髪の毛の幅の半分ほど増すならば、もともとこれなくて全く危険を気づかうべきでなかったから。すべて他の事情は原因というものを全く否定している。ちょうど月が、太陽と地球によって引かれる直線上に最も近く来る瞬間だけでなく、その数日前と後に最も高い満潮をつくっているように、合成しあった惑星が、いくつかの日の前と後に、何時間かの間じゅう、ずっと海水運動と地震を起こしていたはずである、もしそれら惑星が幾分でもそれに関与していたのであれば。

私は読者に許しを乞わねばならない、この地球に起こった事件について正しく判断できるように読者を遠く天空にまで案内してまわったことを。ひとびとがはらったこの労力は誤りの本元をふさぎ、また純粋な知識をわれわれに与えてくれる。次の節では、私が個別の論文で解明しようと努力していた、ずっと前から起こっていた自然の出来事の注目すべき現象を熟考しよう。

惑星は理性の法廷において地震でわれわれが遭遇した破壊の原因の幾分かをもたねばならなかったとする告発から免れた。それ故、今後は誰もがそれらを嫌疑に引き止めておくべきでない。ガッサンディ(15)の証言によれば、ペイレスク(16)は一六〇四年に、八〇〇年毎にただ一回起こる、上の方の三つの惑星がめったにない結び合いをしたのを観測した。しかし地球は安全で変るところがなかった。もし月が幾分かの蓋然性がある推測をただ月の上にだけ落すことができ、それに関係があったとするならば、全、総質量の中に協力する原因が存在していなければならなかったはずであり、また最も弱い外部からの影響が変化のきざしを与えることができたのである。何故なら月はたびたび大地に最も大きな作用を与えることができる位置に来るが、しかし全くしばしばにしか地震を刺激しないからである。あの十一月一日の地震は下弦の月の直後に起きた。その時はしかしニュートンの法則と経験が実証する如く月の影響は最も弱いのである。それではわれわれの足下に原因があるのか、われわれの居住地でのみ原因を尋ねようではないか。

前にすでに述べた地震動、以後二月十八日の地震の他に、広い土地に広がったものは全く起こらなかった。それはフランス、イギリス、ドイツとオランダ王国で感じられた。それはヴェストファーレン(17)、ハノーヴァーとマグデブルクから報告されたように、最も多い所では、燃えさかる物体の衝撃よりも、むしろ地下の暴風で動かされた地面の軽々としたぶらんこのようであった。建物の最上階だけが揺れを感じ、地べたでは揺れが全く認められなかった。すでにその先の十三日と十四日オランダ王国とその隣の土地に地震動が感じられた。その数日後、特に十六日から十八日にかけてドイツの、ポーランドの、イギリスの颶風《ぐふう》の中に至るところで電光と雷雨が現われる状況だった。大気圏は一種の沸騰になった。このことは既に他の機会で書き留めた沸騰の原因すなわち地震または地下の発火がわれわれの大気を変化させることの証明に使い得る、それらは蒸気を大気に吐き出すから。

あちこちで土壌の陥没がいくつも起こる。山から岩塊が引き裂かれ、すさまじい暴力で谷へ転がされる。これらの出来事は先に地震が起こってなくても、よりしばしば発生する。長雨は、水で満された水脈でよりしばしば大地の区切られた部分の基礎を洗い流すことをひき起こす。同時に大地を洗い去り、そして特に寒冷と湿潤がその作用を一緒にする場合、同じように岩塊を山の頂から引き裂く。スイスのあちこちと他の所で、空《あ》いていたが大部分はふたたび塞がった大きな峡谷を地面の割目は、密度が少し小さい地層を破裂させることができる地下に広がっている暴力の明白な証拠品である。もしわれわれの足下の地面の破裂を、多分到る所にあって絶えず燃え上がっている可燃性物体、石炭層、樹脂と硫黄である地下の灼熱の貯蔵品でもって飼《か》い養うことができるかもしれないとするならば（石炭の鉱山がよりしばしば空気中で自ら発火してしまい百年もずっと灼熱し、そして広がっているように）、もし私がいうわれわれが、この地下の空洞の状態を熟慮するならば、エトナ山の麓の横に冷ややかに静かに積み重なっている溶岩が荒廃させたように、空洞の状態の中には、われわれのアーチを全く灼熱した硫黄の海に沈め、われわれが住む土地を燃える物質で破壊するための合図が十分に見られないか？　博士ポール氏は地震に関する短い論文で、地下の絶えずくすぶっている灼熱を膨張した水蒸気で運動させ大地を地震動にもってゆくためには水の他は全く必要としないとしたことは結局正しかった。しかしながらもし彼がレムリの実験[18]（それは硫黄と鉄のやすり屑の混合物に水を付け加えることによって明らかに地震動を起こした）によって、あの可能性を奪われるとされるならば、彼は言うであろう、大地の中では純粋の鉄でなくて、この実験には要求を果たしてくれないただの含鉄土にのみ出会うのだと。そこで私は熟考を求める、第一番に多くの加熱の原因、例えば黄鉄鉱の風解、溶岩が深くに存在する含鉄土を粒子の鉄[19]あるいは又疑いもなく深い所でおびただしく出合う純粋な鉄の性質に大層近い磁鉄鉱に溶かし出した後に、ピエトラ・ラマ[20]の消えることのない大地の火事に認められるように、注ぎ出た溶岩の雨後のような、水が付け加わることによる沸騰は、あの実験を大規模に行なうため十分でなかった材料を供給できないかどうかを。スイスから報道された大層不思議な観察は地震に磁気の物質の協力があることを保証しているようにみえる。そこでは磁石が地震の間、糸でつるされていた垂直の方向から数度それていたのである。

　あらゆる仮説おのおのを新しい研究の道を開くため適切なところにおいてつかんで調べるのに、海の波の如くしばしば一方、他方と受け入れることは、莫大に詳しく述べる仕事となろう。自然科学には、経験と理性的にありうべきこととされる確証を味方とする確かで慎重な判断によって、新奇を愛好することは、これをすぐに全く切り離すべきであると教える趣味がある。ビネ神父といわれるひと、(21)ほんの最近、教授クリューゲル氏(22)は地震の現象と電気による現象は同じ原因の上にあるという意見を興《おこ》している。もっと非常に大胆なことが教授ホールマン氏(23)の提案の中にある。彼は、燃えている物質で心配されている大地には空気口が有益であることを噴火山を例にして証明しているから、この空気口なしにはナポリ王国とシチリアは最早、存在しなくなるであろう。そこで提案は、地球の最上部の地殻を最も深くに燃えている割れ目まで掘り進み、そしてそれによって火に出口を得させてやるべきであるということになろう。内部の層の堅固さと一緒になっている恐るべき程の厚さ、これなくしては、あの土地は確かに獰猛《どうもう》な地震の襲撃によって、とっくに崩壊されてしまったであろう、あらゆるものにたやすく掘り穿《うが》っていくのを目標としている水のように。そして結局、人間の無力がこの提案を美しい一つの夢にしてしまう。現代のプロメテウス、(24)雷を和らげようとしたフランクリン氏(25)から、火山の鍛冶屋の仕事場の火をもみ消そうとする者にいたるまでのこのようなすべての努力は、可能性にはほんの僅かの割合しか結びついていない人間の勇敢さの証拠品である。そしてひとが合理的に始めるかも知れないときは、結局、人は人間以外の何者でもないとひとを謙虚にさせる警告に導くのである。

風の理論[1]

風の理論を解明するためのマギスター、イマヌエル・カントの新しい注釈ならびに彼による講義の案内

緒　言

大気を、流動性、弾性の物質の海と思わねばならない。それは同時により大きな高さでつねに減ってゆく異なる密度の層から成り立っている。この流動性の海が釣合った状態にあるべき場合には互に隣り合っていると思われる空気の柱が同じ重さであることは十分でない。それらは同じ高さに立っていなければならない。すなわち、あるきまった密度の層は、この海の範囲のすべての部分において同一水平に立っていなければならない、何故ならば流動性の法則によって、この反対の場合には、より高い部分が必然的により低いサイドに流れ落ちるであろう、そして釣合いはたちまち消えるであろうから。釣合いを破ることができる原因は、空気の弾力を弱める寒冷と蒸気による膨張力の縮小か、あるきまった大気層がそれでもって他の大気層よりもより強く膨張させられる熱による第一の重みの縮小である。そしてこの時この層は、熱のため他の層の水平の上に揚がることを強いられ、流れ去り、そして一つのより軽い空気の柱をつくる。そして前から空気に着けられていたが今この時、空気から分かれる水蒸気が一所《ひとつところ》に流れこむことによって、二番目にこの層自身の重さの一部を取り上げる。二つの場合に風は、空気が膨張力または重さを失った空気の層に向って起こる。第一の場合に釣合いは、また第二の場合の二番目の原因によるように、間もなくもと通りにされる。しかしこの場合、風が続くためには、その原因が増してゆくことが必要とされるのが異なって、これに反して後の方の場合の一番目の原因は、増すことがなく、常にただ続くのが許される止むことのない風の大変に強い源

を与えるのである。

例えば熱によって弾性が増すことのためか、あるいは同様に、溶ける雪から解放される空気のために大気を動かす原因は、格段に強くはない。そこではこの運動はこれに向って全重量でもって抵抗する静止している空気に対して起こるから、並びに自ら放散する大気層はサイドの方と全く同様に上の方へも膨張するからである。またこの原因の本来の暴力は弱い。その理由からこの原因による風を感ずるのは大変に不可能なことのようになるであろう。

私はこれらをみな、ただ短く挙げそして読者のそれぞれの思索が講義の上に必要な光を放散するのを想像する。私は大変少ない紙数に大層少なく述べることを好まない。

第一の注釈

ある大気層に他の層よりも多く作用する熱のより大きな度合いが、この加熱される大気層の向きに風をひき起こす。それは優る熱が継続する限り持続する。

ふえた熱は、空気に、より大きい空間を占めるのを強いる。それはサイドにも高い所にも強く広がる。その瞬間に大気層の重さが変えられる、上の方に揚がった空気があふれ流れる間に、空気の柱は引き続いてより少ない空気を含むことになるから。隣接している、より冷たい、従ってより密でより重い空気は、自分の過剰な重荷のためその大気層と置き換わる。この空気は前の空気と同様に薄くされ、より軽くされそして最も近い空気に浸漬《しんし》される。そして引き続いて同様に、この熱くなった空気は、それが確かに同じように側面に広がろうと努めているから、熱い層から冷たい層への風を起こすだろうとは誰も考えない。それから第一にこの広がりはすべてのサイドに同じ強さで起こる。従って中心点からの距離の立方の割合で広がりに対して反比例している膨張力は、逆に減少する。そこでもし空気が十分の一だけ膨張させられる場合、四平方マイルを含む空気の場所の広がる暴力は、この加熱された場所から一マイルの距離においては、ただの八十分の一にしか達しないであろう。(2) 従って全く感じられない。この広がりは、しかしまた決してそこまでは達しない。何故ならば空気は、そんなに大きく広がる前に、より密な空気の圧力にその重力が減らされることで柔軟にされ、そして自らの場所を明け渡すからである。

経験による確証

上に述べた法則はまた、誰もがこれに反対する例外を一つでさえも挙げることはできないのを、多くの経験によっていくらでも確証される。海に横たわるすべての島、太陽が強く作用する地域の陸地の岸は、止むことのない海風を感ずる。太陽は水平線上、大変はるかに上昇するや否や陸地上に著しく作用する。それから、そこでは土地が海よりも多い熱を受取るから、陸地の空気は海の空気より大いに薄くされ、その軽さのため海の空気の重力により柔軟にされる。広大なエチオピア(3)の海洋における風は、大変はるかな固い大地からの自然な普遍の東風である。しかしギニアの海岸のより近くでこれは、進路に湾曲を受ける。そして太陽によって海洋よりもっと熱くされていて、加熱されている自らの地面の上に空気の進路をつくり出すところのギニアの上を吹き進むことを強いられる。ジュリン(4)がファレン(5)の一般地理学の中に、またはミュッセンブルーク(6)が彼の物理学の中に、それぞれ付録としてつくった地図をただ見ただけで、同時に自然の普遍な東風およびその法則を念頭におくならば、その瞬間、ギニア近くの海に吹く風のすべての方向、大旋風とその他すべてが完全に理解でき、明らかになる。それで冬季、北においては北風が支配する、太陽が南半球の空気を薄めている時には。それでまた春のはじめには風は赤道から北半球に向けて吹き始める。この時、半球で増えた太陽熱は、空気を薄め、そして北の方の和らいだ領域に退却をひき起こす。この風は、最も控え目な領域の遠くまでは広がって行かない、太陽熱はその時やはり赤道から余りにも遠い距離にはそんなに作用を及ぼすことができないから。この頃、四月と五月にカムジン[7]と呼ばれている風がエチオピアの奥からエジプトの上に吹く。そこではこれは熱した大地からやってきて灼熱の空気を連れてくる。その時、和らいだ領域にある薄くなった空気は、赤道の空気を退却させ、そして自らこの領域の上にしばらくの間、広がることを強いるのである。

第二の注釈

他の大気層より冷えている大気層は、その隣の大気層に、冷えているところへ吹く風をひき起こす。

この原因は熱の減少による膨張力の縮小から容易に理解できる。

経験による確証

太陽の強い作用に曝《さら》されている固い大地の岸または島に接するすべての海においては夜に絶え間ない陸風が吹く。何故ならば海の空気は、その時間に熱を陸の空気より速く失うからである。陸の空気の中で加熱された地面は熱を著しい減少もなく保つが、それに反して日中の少ない熱を取り入れた海はその上に在る空気をより速く冷やすからである。それ故これが第一に膨張力に屈伏し、そして陸から冷やされた海域への空気の流れを許す。マリオットが述べるように十一月始めフランスに吹く南風は、冬、極度の酷烈で始まる北極の空気の寒冷さのせいだとすべきだ。

第三の注釈

赤道から極地へ吹きまくる風は、長ければ長いほどより西向きになる。そして極地から赤道に引き寄せる風は、その方向を東からの副行運動[8]に変わる。

私が知る限りでは、まだ一度も述べられなかったこの法則は、風の普遍な理論への鍵と見なすことができよう。その証拠は大変理解できるし、また納得がゆく。地球はその軸のまわりを西方から東方へ回る。その理由のため地球表面の各場所は、それが赤道に近ければ近いほど大きい速さであり、そしてそれが赤道に遠ければ遠いほどより小さい速さである。赤道へ行く空気は反対方向すなわち東から西へ抵抗を受けるであろう。そして風はそれ故この副行方向に偏向するであろう。何故なれば、同じ方向に同じ速さで動かされていない流動性のものの下の地面が移動しても、または地面の上のこのものが反対方向に動かされても、それは同じことであるからである。これに反して風が赤道から極地に吹く場合には、風はたずさえている空気よりも、西から東への少ない運動をしている地球の場所の上を常に行く。何故ならばそれは、風がそこから広がった所の速さに等しい速さをもっているからである。それはまた越える場所の上を西から東へ引越すであろう。そしてその極地までの運動は西からの副行運動と結び合わされるだろう。

これを明白に表わすため、まず大気が釣合う場合は、大気のすべての各部分が、それが上になっている地球表面の場所と、西から東への等しい回転速度をもち、そして場所に関して静止していると念頭におかねばならない。それから大気圏の一部分が子午線《しごせん》[9]の方向に位置を変えるならば、この部分は、これが押しのけられた場所がもつより、多かれ少なかれの速さで西から東へ動いている地面の箇所に出合う。この部分はまたそれが越える地域の上を西から東へ偏って動かされるか、または東から西に向って地球表面に抵抗するであろう。このことが二つの場合に副行方向をもつ風をつくり出す。この側面運動の強さは部分がその上で動かされる場所の速さに基づくし、またその部分が何処から何処へ移って行くかという場所の速さの相違にも基づいている。ところがしかし地球表面の各点の軸回転の速さは緯度(10)の余弦《よげん》(11)に、そして二つの点が大変近く、例えば一度だけ遠く表面で互に離れている場所における余弦の相違は、ともに緯度の正弦《せいげん》(12)に比例している。そして一点が緯度一度だけ他の緯度側にずらされることによる速度のモーメントは緯度の正弦と余弦を合成した割合になるであろう。従って四十五度の場合に最大、この緯度から等しい間隔で等しくなる。

この副行運動が理解できるように緯度二十三1／2度から赤道に吹く北風を取り上げてみよう。この風はいま言った緯度で始まった時には、その場所と等しい西から東への運動をしている。もしこれが昼夜平分圏へ五度ほど近づいたならばいま言った方向により速く動いている地帯に出合う。さて簡単な計算によって二つの緯度圏での速さの差は一秒につき四十五フィートになることが分かる。また空気は二十三度から十八度に到達させられる時にはこの地域の地面に、一秒につき四十五フィート戻る力があるはずの東から西への向い風をひき起こすであろう。もし地面の上を越えて引き寄せられる空気の五度の全行路において地球の旋回によって地球の運動のいくらかが、つねには分け与えられていないかも知れないとするならば、押しやる五度の差ははるかに大変に大きくまでに達することにはなり得ない。しかしながら差は、つねに余って残らねばならないから、根拠なしに許されるであろうとして、差のわずか五分の一と取るとしよう。そうするとこの副行運動はそれでも一秒につき九フィートに達するであろう。このことは、一秒につき十八フィートで吹き過ぎ(13)そして二十三度から起こる真北の風を十八度において北東の風としてしまうのに十分である。全く同様に十八度から二十三度へ正に同じ速さで渡り動かされる南風は、この最後の緯度で南西の風に変えられるであろう。この風は、前で計算されたように大変に大きな旋回の余りでもって、より遅く動く緯度を追い越すからである。

経験による確証

これには次の注釈が付け加えられるであろう。

第四の注釈

回帰線の間のすべての海洋を支配している普遍な東風は、第一から第三を結び合わした注釈で明らかにされる原因に外ならぬもののせいである。

普遍な東風を、西から東への地球回転の際の大気圏の残りのせいだとする意見は自然学からの確かな根拠によって否決される、もし大気圏が地球の原始の旋回のそもその初めに大気圏がなおいくらか残留した場合には、なお短い時間、同じ速さで続けさせられたとすべきであるから。私はしかしながらこの考えをより有効でより正当なものとしておいてみた、もし空気が、より遠く隔だった緯度圏から赤道に進むとき、この考えに価値があることを証明する故に。というのはこの空気は最も大きな圏の運動とは正確に同じ速度ではなく、いくらか遅れるべきであるのは疑いないからである。この故に起こる東風は止むことはないであろう、もし止むことのない新しい空気がサイドから赤道に向って行くならば、何故ならはじめの空気は、この逆行する運動を地面が続ける作用によってすぐに失うであろうから。

最初の原因が普遍な一致でもって捨てられてからは、回帰線の普遍な東風を、太陽によって東から西の方へと薄められる空気が後に進むことのせいである点に意見が一致する。もしよりよい説明があったとするときは、この説明では確かに満足されないであろう。もし空気が第一の注釈の原因によって太陽の作用で加熱される場所に引き寄せられるならば、西方に離れている空気も、東方にある空気と全く同様に引き寄せられねばならない。私はまた何故に全地球の地面のまわりに東風の他はあってはならないのか分からない。しかし空気が、しばらくの間、前に冷やされるだけの理由で、先の方で暖められた空気を自分の場所に運動させるには、そのため先に東方から西方に運動しなければならない、太陽に対し東方に横たわる場所は、太陽がより長い間、放棄してしまった場所よりもより多く冷やされ、そしてまた弾性がより少ないから。もしここで私が、すべては、ひとが到達しうるほどの近くにあることを認めたいとするならば、次が可能であるとして、何か理性のある仕方で想像できるか？ すなわち太陽が西の水平線に在るとき太陽の後を空気の流れが、そこから百八十度まで、すなわち二七〇〇マイル東方へ後から進むことを引き起こすことができるか？ そしてこの流れは全く途方もない遠方において完全に消え去ってはならないのか？ しかもなお回帰線内のすべての部分でそして一日中すべての時間に東方から西方へ同じ強さで風が吹いている。丁度、同じ意見を支持するジュリン氏は確かによい根拠をもつことになる、何故に太陽の作用が細《さきい》ではない回帰線から遠くないところに同じ東風が感じられるかを彼が証明できない場合に。何故なら実際、彼は申し立てた原因からは証明できないであろうからである。

ここでまた自然科学で最も知られた根拠とよく一致している別の原因をみてみよう。(14) 熱い地帯とそれに接する地帯の中にあり他の所よりもより強い熱は、それら地帯の上に絶えず薄くなりつつある空気を保持している。赤道からより遠く離れていて、より少なく熱く、またより重い大気層は、釣合いの法則からそれらの場所に入りこむ。そしてそこから赤道に向って運動するから、その北の方向は第三の注釈に従って西からの副行運動を発しなければならない。この理由から赤道のサイドに向う普遍な東風は、元来、副行の風であるのであろう。これは、南東風と北東風が二つの半球から互いに動いている緯度の下では、正にほかならぬ東風となって発しなければならない。それからその緯度から極地方向に遠く離れれば離れるほどますます互に逆行する。

経験による確証[15]

バロメーターの高さは、すべての一致した観測によると、赤道の近くでは、温帯におけるより一ツォル低い。さて、この故に後者の領域の大気は、釣合いの法則に従って赤道におし寄せねばならない。そしてこの運動がわれわれの半球のうちで永く続く北風を熱い地帯につくることが自然とはなり得ないか？　しかしこの大気はだんだんとそして最後には赤道の下で東風を発しないか？　この答はこの第四の注釈の終りに見出される。それからどういう訳で釣合いは決して完全にもと通りにならないのか？　何のために灼熱の地帯の大気は、常に温暖な地帯の大気より水銀の高さが一ツォルだけより軽くなっているのか？　ここで常に作用を起こしている熱は、大気すべての絶え間ない膨張と薄くなることを維持している。だから、またこの地帯に釣合いをつくり出すために新しい大気が入りこむならば、これは前の大気と全く同じように広がるであろう。この高く揚がった大気は他の大気柱の水準器準位を越える。そしてその大気柱のサイドを上昇する。また赤道の大気は、温暖な地帯の大気の準位より高くは決して上昇できない。そしてそれにもかかわらずより薄い大気を含むから、常に温暖な地帯の大気よりもより軽くあらねばならない。そしその大気の圧力に譲って引き下がらなければならない。

二十八度と四〇度の間のすき間の海洋を主として支配する西風の説明。

この観察そのものの適確なことは航海の見聞によって大西洋でも日本の海でも人知れず十分保証されている。この原因には先の注釈にある原則のほかには全く何も要らない。元来そこで挙げた根拠から和らいだ北東風がここに吹かねばならない。しかし二つの半球から赤道に集まる大気は、そこで絶えず氾濫し、そしてわれわれの半球の上の領域で北に向って広がる。そしてこれは赤道のせいで、同じ運動にほとんど全く飽き果ててしまったから、これは下方の大気上を西から東への副行運動でより遠い緯度圏に徹退しなければならない（第三の注釈を見よ）。この大気は、それから、これに抵抗する運動がより弱くなっており、そしてこれ自身が下方の領域の中に広がっている下方の大気の上にだけ、その作用を及ぼすであろう。このことは、それから赤道からずいぶん莫大な距離で起こらねばならない、そしてそこには西の、そして副行の風が支配しなければならない。

第五の注釈

アラビアの、ペルシアの、そしてインドの海洋を支配するモンスーンすなわち周期的な風は全く自然に第三の注釈で証明された法則から説明される。

これらの海では四月から九月まで南西風が吹き、その後しばらく凪《なぎ》が続き、そして十月から三月まで反対な北東風がふたたび吹く。この原因は前に用意した法則によって一瞬に分かる。太陽は三月にわれわれの北半球に越えてはいってくる。そしてアラビア、ペルシア、インドスタン、支那[16]と日本と同様なこれらに隣接する半島を、これらの土地と赤道の間に在る海よりもより強く熱する。これら海上に止まっている大気は、北からの空気のあのような薄くなることによってそのサイドに向いさし迫って広げられる。それからわれわれは赤道から北極へ吹いて行く風が南西方向に発しなければならないことを知っている。これに反し太陽が秋分点を越えて行き、南半球の大気が薄くなるや否やこの熱い地帯の北の部分から大気は赤道に向って進み下る。今や北の地域から速い風が必然的に赤道に向って北東風として発する。もしそれがそのままにされるならば、また何故にそれが先の南西風に交替しなければならないかは容易に理解される。

またこの原因の関連が、それが周期的な風の発生に一致する点においては容易に分かる。回帰線に近く接して、はるかに広がる固い大地が存在しなければならない。この大地はこれと赤道間に含まれる海よりも太陽の作用によってより多く熱を受けとる。そうするとこれらの海の大気はやっとのことでこの大地の上を撫《な》でまわし、そして西の副行風を起こすであろう。これはすぐにこの大地からふたたび海の上に広がるであろう。

経験による確証

マダガスカルとノイホラントにおいて、および山羊座の回帰線近くにある海を自然な絶え間ない南東風が吹く。しかしながらノイホラントにおいて、この地域近くの大きく広がった海において、四月から十月まで南東からの、その他の月では北西からの周期的な風が吹く。何故ならば、その他の月じゅうは、われわれがただノイホラントの海浜だけしか知らないオーストラリア大陸ではずっと夏であるからだ。太陽は、この大陸を隣接する海よりもはるかにより強く熱し、そして大気を必然的に赤道地域から南極の方へ進ませる。第三の注釈で述べたことは南極に向うこの北東風をひき起こさねばならないことだ。四月から十月までの月の間、太陽は北半球の上に上昇する。それから南の大気は更に又、薄くする地域に流れ出るため赤道へ退却する。そして逆な南東風を作り出す。大多数の自然科学者が、南の海洋の名を示した部分における風の周期的変化について全くその理由を挙げることができないのは少しも不思議ではない、彼らには第三の注釈でわれわれが詳しく述べた法則が知られてなかったから。この意見は、新しい陸地の発見にこれをうまく用いようとするときに大変に有益となりうる。もし航海中の人が、回帰線から余り遠くない南の半球において時々、太陽が回帰線を越えて行った際、絶え間ない北西風を感じるならば、これは太陽熱がそのものの上で必然的に赤道の大気を撫で、そして西に偏ることで結びつく北風を作り出すところの大きく広がった固い陸地が、そこの南に存在するはずだという、彼にはほとんどまぎれもない一つの目印になりうる。ノイホラントの地域は、そこに存在するはるかに広がるオーストラリアの最も大きな推定を今でも現実に認めるのを手引きしている。太平洋を航海する者は、南の半球のすべての地域を、そこにある新しい陸地を探査するためにくまなく捜すことは不可能だ。彼らには、どちらのサイドにあるらしい様子が見つけられるであろうかと判断させてくれる先導が必要だ。この先導は、そこの大きな海の領域で夏季に彼らが出合ったかも知れない南西風を彼らに与えることができた。何故ならこれは隣接する一つの南の陸地の目印であるからである。

終結

もし前記に準備した注釈を使ってすべての海の絶え間ないまたは周期的な風に出合う地図を観察するならば、それは少なからぬ楽しみの泉である。何故ならば、それは陸地の岸に近い風の方向を岸と並行にしてしまうというすべての風の根拠を示す原則を引き寄せることが可能であるからだ。しばらくの間、一つの地域を吹き過ぎその次に反対の地域から交代させられる周期的な風の休みの時は、私はこれを交代の休みの時間というが、凪《なぎ》、雨、暴風雨および瞬間のハリケーンで騒がれる。すなわち、先の風が下方の大気中では完全に止んでいないで、このとき二つの大気が対抗して駆りたてあっている時には、上部の大気では反対な風が早くも支配する。そこで二つの大気が最後に釣り合って滞留し、二つが運んできた水蒸気を凝縮し前述した変動すべてをひき起こすのである。また暴風雨は互に対抗して動く風のため一所《ひとつところ》に追いこまれるということはほとんど一つの普遍な原則として受け入れられている。それから風は暴風雨に変わることも通例として認められている。その時、反対な風は実際すでに暴風雨の前に上方の大気に出合わされていた。これは天候の物質を一所に追いこみ、そして雷雲を水平線上に吹き上げるような風であったのだ。何故なら暴風雨は下方の風に逆らって上昇すること、二つの風が釣合って止んだ後、反対の風が優勢を保持したときに雷雨が発生したことは通常よく見いだすからである。時には高いバロメーターの場合、例えば初夏に認められる間断なき雨は、相当な蓋然性をもって、あのような二つの領域で互に逆行する気流のせいだとされている。マリオットの観察[17]は、すなわち満月に北から吹き始める風はおよそ十四日でコンパス[18]を一巡する。それ故、風は最初に北東、次に東、その後に南東、そしてさらに遠くを巡回する。同様に風は決して全緯度圏で反対方向になってしまわないことは、第三の注釈の原則によって完全に説明される。何故なら北風は自然な仕方で北東風を打ち出すからだ。これは自分が引き寄せる領域と釣合いをつくった時にそこの大気層の抵抗のため全く東向きとなる。それから南に圧縮された大気はふたたび北に膨張するから、これは東風と結び合って南東向きにそれる。このものは第三の注釈で挙げた原因により、まず南向きに、次に南西向きに、続いて釣合わされた北の大気の抵抗のため西向きに、それに続いてふたたび膨張した北の大気と結び合って北西向きに、最後に全く北向きになる。

紙数、私がこの短い観察のためきめたこれは、もっと観察を広くするのを制限する。私はこの観察を、私のささやかな講義の中に同意見の信頼をおく、私が敬意をおく諸氏を打ち明けること、私は自然科学をエーベルハルト[19]博士の自然科学入門で説明する積りであることで終結する。私の目標は、古いそして新しい時代での重要な発見中の基本的認識が助成できることがら、そしてなかんずく幾何学の幸運な応用によって新しい時代の発見が明白で完全な例において証明する目前の無限な利益を決して見のがさないことである。私は数学では入門を授け、哲学の学説ではマイアー[20]の論理学を解釈することで講義を続ける。形而上学を教授バウムガルテン氏[21]のハンドブック[22]について講義するであろう。この様式のすべてのハンドブックで最も有益、最も根本的なこの本にまつわるように見える難解さの障碍は、もしあえて言わせてもらうならば、講義の慎重さと委曲を尽くした本文の説明によって解決されるであろう。私には、容易さでなく有用さが事物の真価を決めねばならぬこと、そして明敏な著述家が述べているように、切り株は表面に流れていて容易に見つかるが、しかし真珠を探そうとする者は海淵《かいえん》を下りて行かねばならないことは、十分に確実であると思われる。

訳注

『地球の軸回転の変化』

1（一頁）〈地球の軸回転の変化〉次の行で始まる原論文の題名を訳者が略称。

2（二頁）〈ニュートン〉Isaac Newton（1642-1727）イギリスの数学者、物理学者、天文学者、リンカーンシャー州ウールスソープ生まれ、一六六五年ケンブリッジ大学卒業、ケンブリッジ大学教授一六六九―一七〇一年。微分学を一六六五年に、積分学を一六六六年に、万有引力を一六六五年に発見、「光と色についての新理論」を王立協会で発表一六七二年、反射望遠鏡を作成一六六八年、ロンドンの造幣局長一六九六年、王立協会会長一七〇三―一七二七年、『プリンキピア』をラテン語で一六八七年八月ロンドンで出版、『光学』一七〇四年出版。中野猿人《なかのましと》訳『アイザック・ニュートン著プリンシピア』講談社一九七七年、島尾永康訳『ニュートン著光学』岩波文庫一九八三年参照。

3（二頁）〈無限に小さな抵抗をする物質〉エーテル Aether といわれた仮定の気体。オランダのホイヘンス（1629-1695）が光は極微軽妙で真空空間に含まれ天体運動に抵抗を及ぼさないエーテルを振動させて伝わるという説をたて、ニュートンもこれを認めて太陽光の速さからエーテルの小ささ、軽さを説明、『光学』一七三〇年四版三編一部、質問一八。アインシュタイン（1879-1955）は光速度不変の原理によりエーテルの存在を否定一九〇五年。

4（三頁）〈エレメント〉基本の物質、要素、元素、成分の意。

5（四頁）〈トワーズ〉両腕をひろげた長さに相当する昔のフランスの長さ単位、一トワーズは一・九四九メートル。

6（四頁）〈二百万年が必要であろう〉二億年が必要であろう、と改めるべきである。カントの計算違いであったようだ。

『プロイセン王立科学アカデミー版カント全集一九一〇年第一巻』の編集者の一人ヨハネス・ラーツ Johannes Rahts の注釈。

カントが証拠なしに使った数値を確認するのに次の基本的導き入れが役に立つ。カントが他のサイドからでなくニュートンの『自然哲学の数学的原理』（プリンキピア）第二編命題三六によって熟知したことが確かであるトリチェッリーの原理によれば、容器の穴から流れる液体成分の速度は、この液体表面から穴まで自由落下をして得る速度に等しい。またこの穴は液体の自由な表面より h フィート下にあり、重力の加速度を g と算定すると、ガリレイの落下法則を前述のトリチェッリーの原理と結びつけて、流れる速度は式 $v^2=2gh$ となる。一方、容器の口に向っておし流される水の速度を v とすると、この流れには水柱の高さ $h=v^2/2g$ の圧力すなわち重さがかかる。

ここで岸に対して潮波が与える力は、潮が打ち当る側面と $v^2/2g$ に等しい高さをその底面とした水物体の重さで表わされる。地球の重力加速度は31フィートであり、赤道での潮波の速度は、カントはこれを一フートとしたから赤道における水物体の高さは1/62フートとなる。そこでさらに潮波の速度は極の方にゆくにつれて緯度圏の動きと同じ割合すなわち地理学の緯度の余弦の割合で減っていくとするならば、地理学の緯度45°における水物体の高さは1/124フートになることになり、そしてこれはまた水物体の高さの平均値でもある。よって45°緯度圏から等距離の二点の水物体の高さの和は1/62フートに等しいことがすぐ分かる。海が潮の運動でもって対抗する岸を圧す全体の力は、圧される岸の全側面を底面とし、その平均高さを1/124フートとする水物体の重量で表わされる（本書四頁一四行）。従って最も初めの原文（訳者注、『ケーニヒスベルク懸案と公告週報』一七五四年二三号と二四号に掲載）に示された数1/224フートは全くの誤値であり、同時に後に出てくる数値にはこの値をあわせてはならない。カントは、続いて本文に取り上げる水物体の重量を示さないで代りにさらに必要な計算をほどこして得た一つの重量の値を示している。それは赤道で地球半径の末端がつかんでいる前述した水の重量で表わした減衰作用の力である。その重量はカントが用いた数値から必然的に〈十万の十一倍の立方トワーズ〉および〈一二三兆倍も越される〉となる。ここまでの途中の計算は大ざっぱなスケッチになっている。カントが『プリンキピア』を引用する当時の方法でよく上の数値を見出したであろうことを示すのをやってみよう。

押しよせる潮波の速度は、極の方にゆくにつれて緯度圏の動きと同じように減ずる。また緯度圏の半径を r として地球のそれを R とすると r/R の割合で減ずる。圧力の高さ h は、前述の本に従って、いまの式の自乗の割合または緯度圏の赤道に対する割合で減じ、また緯度圏の r では $1/62 \cdot r^2\pi/R^2\pi$ となる。この圧力が加わる面は、一方の側は海岸線である無限小の弧 b で他の側は垂直の深さの 100 トワーズすなわち 600 フィートに等しい矩形である。この圧力はまたこの点で $600 \cdot b \cdot (1/62) \cdot (r^2\pi/R^2\pi)$ となる。この重量は挺子のアームでもって作用するから、その運動モーメントは $r \cdot 600b \cdot (1/62) \cdot (r^2\pi/R^2\pi) = R \cdot 600b \cdot (r/R) \cdot (1/62) \cdot (r^2\pi/R^2\pi)$ となる。これはまた、緯度圏 $r^2\pi$ と、これに隣接する緯度圏との間隔に等しいところの、二つの半径 r/R の関係にある無限小の弧 b との積である。そしてこの間隔に $r^2\pi$ を掛けるとこれら二緯度圏にはさまれた地球球体の部分と等しくなる。それ故、潮波の全モーメントは $R \cdot 600 \cdot$ 地球球体$/(62 \cdot R^2\pi)$、すなわち地球の密度を水の比重と等しいとした場合、赤道上で地球半径の末端でつかむ重量のモーメントは、地球の重量に対して、それを一とすると $600/62R^2\pi$ に等しい。ここで地球の半径は3 ¼百万トワーズすなわち19 ½百万フィートであるから、この比はカントが示したように1：123 兆となる。これによって体積の大きさ 1 100 000 立方トワーズもよく合っている。

波の逆らう作用が地球の運動すべてを枯らしてしまうのに要る時間を決めることでは、カントは時間数で計算違いをしている。地球の質量を M とし、たったいま計算したものの重量の質量を m とし、さらに赤道下での一点の速度を c および求める時間を T とするならば、カントが使った仮定による式 $M \cdot c = m \cdot g \cdot T$* から次のようになる。すなわち $T = c/g \cdot (M/m) = (1500/31) \cdot 123$ 兆秒すなわち約 200 百万年となって、カントが示した 2 百万年にはならない。全く同じところで導かれた一年が8 ½時間短くなるとされることにも、同じ根拠から百分の一、すなわち約五分と置き換えねばならない。

＊回転運動において、式 $Mc = mgT$ は正しくはなくて $Mc = (5/2)mgT$ とすべきことはカントが一八九頁二〇行（訳者注、本書五頁七行）で係数を省いた明らかな説明をしているように、既に分かっていた。この係数の影響は他のものの省略したことに含まれて消えてしまうのである。

『地球の軸回転の変化』

7 （五頁）〈一年の長さが今より 8 ½ 時間小さく保たれねばならない〉一年の長さが今より約五分小さく保たれねばならな

い、と改めるべきである。訳注6参照。

8（五頁）〈宇宙進化論〉この論文『天界の一般自然史と理論』は、はじめ無名で出され、カントの友人の勧めでフリードリッヒ二世に捧げられた。しかし国王には達せず、一七五五年三月出版予定の出版所が破産したためその在庫品は差し押えられ、この著作は市場に出さずにおわった。一七九七年『時代順カント小論文全集』一巻に収録。『理想社カント全集第十巻』高峯一愚訳『天界の一般自然史と理論』一九六六年、荒木俊馬『カント・宇宙論』恒星社厚生閣一九五四年参照。

『地球の老化』

1 〈七頁〉〈地球の老化〉次の行で始まる原論文の題名を訳者が略称。

2 〈七頁〉〈その年数とその物事が続くはずの年数の割合〉このアイディアは約百五十年後、物質崩壊の指数法則として確認、物事の全量 I_0 が時間 t の間に老化、崩壊し続けて量 I になると $I/I_0=e^{-\lambda t}$ である。e 自然対数の底 2.71828 であり、λ 崩壊定数で測定によって求められる。ラザフォード（Rutherford 1871-1937）『（放射能）Radioactivity, 1904』国立国会図書館所蔵、皆川、杉本、三宅訳『キュリー・放射能一九一〇年』白水社一九四一年、上巻参照。

3 〈七頁〉〈フォントネル〉Bernard Le Bovier de Fontenelle（1657-1758）フランスの思想家、文学者、科学アカデミー終身書記、諧謔《かいぎゃく》機知に富む啓蒙的な科学の本を著作。

4 〈七頁〉〈バラたちは言った。……彼は死なない、変ることさえない〉フォントネルの原文「第五夜、恒星はすべて太陽で、それぞれがその世界を照らしていること。……古代人は私たちに比べれば若かったのですよ。もし一年しかもたないバラの花が歴史を書き次々と記録に残していったとしましょう。そして最初のバラ達が彼らの庭師の俤《おもかげ》をもち後に継ぐべきバラにその俤を残したとするならば、それは前のと何ら変ったところがないでしょう。そしてこれについてバラ達はこう言うでしょう。わたし達は何時も同じ庭師を見てきた。その庭師しか見たことがない。記憶にある限り彼は常に今ある彼であった。彼は私達のようには決して死ぬこともなく、変わることさえない。……　私たちはほんの一瞬でしかない私たちの一生を基準にして何か他のものを測るべきでしょうか？　私たちより十万倍長く続いたものがあったとしても、それが今後もいつまでも続いていくはずということになるでしょうか？」　赤木昭三訳『フォントネル・世界の複数性についての対話一六八六年』一九九二年工作舎一五一頁。

5（八頁）〈自然の美しさと整然さは減少する〉自発的に進む変化は乱雑さが増す、すなわちエントロピー増大の方向という原理。

6（一一頁）〈カオス〉天地創造以前の世界の状態、混沌《こんとん》、古代ギリシア詩人ヘシオドスが詠んだ名。

7（一三頁）〈テーベ〉ナイル河畔の古代エジプトの首都。今アラブ連合国のテーベ遺跡がある。

8（一三頁）〈プロイセン〉プロシア、一七〇一年フリードリッヒ一世が建国、バルト海に面した地域。カントの時代フリードリッヒ二世が王。

9（一三頁）〈ヴァイクセル〉ポーランド中央に発しグダニスクでバルト海に注ぐ。ポーランド語でヴィスワ河。

10（一四頁）〈ヘロドトス〉ギリシア語で*Ηροδοτοσ* ラテン語でHerodotus（紀元前約484-約430）ギリシア人植民都市小アジアのハリカルナッソ生れ、諸方を遊歴し東方諸国、アテナイとスパルタの歴史を『歴史』に著作。証言とされた増水は、松平千秋訳『ヘロドトス・歴史、上』岩波文庫一九九五年巻二、一六八頁参照。

11（一五頁）〈プリンキピウム〉物質の基本、元素。ギリシアのエムペドクレス、ついでアリストテレスがこれをストイケイオンと名づけてローマ時代にプリンキピウムとラテン語訳され一七世紀ごろからエレメントとよばれた。

12（一六頁）〈ツォル〉昔の長さ単位、一ツォルは約二・五センチメートル、英国の一インチ。

13（一六頁）〈シュー〉昔の長さの単位、一シューは一二ツォル、約三〇センチメートル、英国の一フィート。

14（一六頁）〈クラフター〉昔の長さ単位、一クラフターは六シュー、約一・八三メートル、英国の一尋《ひろ》。

15（一六頁）〈ヴァレリウス〉Johann Gottschalk Wallerius（1709-1785）スウェーデンのウプサラ大、鉱物学薬学教授一七五〇—一七六〇年、ネリケ地方に生れ、ウプサラで死去。カント引用のデータはその著作『ボスニア湾西方海域についての鉱物学研究』ストックホルム一七五二年。

16（一六頁）〈流動性にされた塩〉炭酸カルシウムなどから分解されて発生する二酸化炭素と考えられる。

17（一七頁）〈マンフレディ〉Eustachio Manfredi（1674-1739）イタリアのボローニャ生れ、そこで死去、ボローニャにつくられた科学アカデミー天文学部門の最初の会員、海水の動きの研究で知られていた。ラテン語の『ボローニャ科学と技術協会アカデミー報告書』一七五三年二部二巻三と七頁およびドイツ語の『自然、技術と科学の一般雑誌』一七五三年一部二四六―二七二頁参照。

18（一七頁）〈ラヴェンナ〉イタリア東北部アドリア海岸近在の都市、四〇二年西ローマ帝国の主都、ついでテオドリクス帝の首都。ビザンチン式建造物に富む。

19（一七頁）〈ベネチア〉イタリア北部ベネチア湾に臨む港市。町は一一七の小島からなり一七五の運河四〇〇を越える橋があり中世を通じてベネチア共和国として繁栄。ベニス。

20（一七頁）〈ボローニャ〉イタリア北部レノ川の近くにある都市。一二世紀そこの法学研究所に集まった学生の自治団体、ウニヴェルシタス（大学）が皇帝により公認された。これがヨーロッパ最古の大学である。一七九七年ナポレオンによってこの国が崩壊するまでヨーロッパの文化中心地。

21（一八頁）〈ハルトゼッカー〉Nicolaus Hartsoecker（1656-1725）オランダのゴウダ生れ、ユトレヒトで死去、一六八四―九六年パリに住み、ついでアムステルダムで訪問中のロシア皇帝ピョートル一世に進講、一七〇四―一六年デュッセルドルフでファルツ選帝侯の宮廷数学者。カントの引用は『一般雑誌』二八〇頁参照。

22（一九頁）〈ネプチューン〉またはネプトゥス、ローマ神話の海の神。

23（一九頁）〈地震は……イタリア南部であばれてもなお北部にもその暴力を揮うこと〉赤木訳『フォントネル・世界の複数性についての対話一六八六年』一七一頁参照。

24（二〇頁）〈ブールハーフェ〉Hermann Boerhaave（1668-1738）オランダのライデン付近フェフウト生れ、ライデンで死去、ライデン大学で一七〇九年から医学植物学教授、一七一八年から化学教授。その研究は『哲学会報』一七三三年、一七三六年四二〇、四四三、四四四番にラテン語で「水銀の実験について」、このドイツ語訳『教育と娯楽のための総合論文のハンブルク雑誌』一七五三年四分冊四巻。

25（二一頁）〈赤い粉末になる水銀〉液状の水銀が空気中の酸素と結びついて固体の赤い酸化水銀になること。

26（二一頁）〈ヘールズ〉Stephan Hales（1677-1761）イギリスのケント生れ、テッディングトンで死去。神学者牧師。その研究は『植物の静力学一七二七年』中の「植物中の精気の静的な実験報告……また空気を分析する試みの適例」。カントはこのビュフォン訳『植物の静力学空気の分析一七三五年』から引用。

27（二一頁）〈植物のプロダクト〉植物が原材料となってできる純粋な生産物、例えばブドウの実からの生成物・プロダクトのワイン、それからできる生成物の酒石。

28（二一頁）〈酒石〉ブドウの実を発酵させてワインをつくるとき一緒にできる酒石酸水素カリウム、大きい透明な水に溶ける結晶、融点一七〇度。

29（二一頁）〈固い物体となっている空気〉二酸化水素のこと。ヘールズは固い酒石を火で蒸留すると五〇四倍の体積の空気すなわちガス（二酸化炭素）が出ると実験。田中、原田、牧野訳『ラボアジエ・物理と化学一七七四年』内田老鶴圃一九八六年一〇一頁参照。

30（二一頁）〈地震の場合に噴出して土地を洪水にしたのである〉イタリアの天文学者マラルディ（Maraldi, 1665-1729）の報告『一七〇二―一七〇三年のイタリアにおける地震について』をも引用したようだ。

31（二四頁）〈プロテウス〉ギリシア神話、変幻自在の姿と予言力とをもった海の神。変り易い物や人、たえず意見の変わる人。

32（二四頁）〈第五のエッセンス〉第五番目の元素であるエッセンスという意味。ギリシアのエムペドクレス、ついでアリストテレスが火、水、空気と土を四元素と本に書いたことからこれら以外の元素すなわち第五のものとしてカントが示したのであろう、戸塚七郎訳『アリストテレス全集第四巻、生成消滅論』岩波書店一九六八年二三六頁。酒精（アルコール）を含んでいる樹脂をプロイセンの国王の侍医、化学者シュタールは元素エッセンスと名づけた。カントはシュタールの著書を研究。田中、石橋、原田訳『シュタール・合理と実験の化学一七二〇年』内田老鶴圃一九八五年一八七頁、篠田英雄訳『カント・純粋理性批判、上』岩波文庫一九六一年二六頁参照。

33（二四頁）〈硫黄の本質の成分〉シュタールが唱えたフロギストンのこと。シュタールは「アンチモニウム（硫化アンチモン）、スズおよび鉄はこの順序に燃える硫黄を十分に含んでいる」「フロギソ φλογιςω はアンチモニウム、スズ、鉄に十分含まれている」と本に書いた、田中、石橋、原田訳『シュタール・合理と実験の化学』一四五、四一六頁、また「火の元素（プリンキピウム・イグネウム）はもはや炎ではなく混合物体中の化合物体を構成するものである。この火の元素を私ははじめてフロギストン Phlogiston と名づけた」と本に書いた。『地中の鉱物物体と金属物体の根本の結合への入門書』ライプチヒ一七二〇年一節一課「ベッヒャーの理論の基礎」五四頁、ドイツ博物館図書館所蔵。

34（二四頁）〈火の燃える成分〉シュタールが唱えたフロギストン。カントは火が燃えることは微粒子状の燃える元素すなわちラテン語でマテリア・イグニス（燃素）が発散する現象とする修士論文をケーニヒスベルク大学に提出、フロギストンという名は全く使わなかった。田中、石橋、原田訳『カント・火について一七五五年』内田老鶴圃一九八五年。

35（二四頁）〈大変評判な揮発し易い酸〉イギリスのブラック（Joseph Black, 1728-1799）はアルカリ土壌の石灰土壌（炭酸カルシウム）を焼くと大量のガス（二酸化炭素）を発生することを発見、このガスを固定空気と名づけた、アルカリ性と反対な性質すなわち酸性、酸っぱい味がするから酸（アチド）ともいわれた。田中、原田、牧野訳『ラボアジエ・物理と化学一七七四年』二四頁参照。

36（二五頁）〈彗星〉カントに哲学、数学を講義したケーニヒスベルク大学員外教授クヌッツェン（Knutzen, 1713-53）

は一七四三年の六つの尾を引いた彗星について論文を発表、また『宇宙天文学に適する器械』を著作。

37（二五頁）〈火を蓄積し、最も上のアーチの基礎を冒し〉訳注23参照。

『地震の原因』

1（二八頁）〈ドイツマイル〉一ドイツマイルは七四二一・六メートル。

2（二八頁）〈同じ日に地震で動いた〉本論文の終りの注釈を参照。この論文はもと『ケーニヒスベルク懸案と公告週報』に二回にわけて掲載され、その初回すなわち本論文の前半を執筆したときに、カントはアイスランドの地震とリスボンの地震とが同じ日に起こったと思っていた。

3（二九頁）〈ジャンティ〉Labarbinais Le Gentil ブルターニュ生れ、生没年不明、一八世紀のフランスの旅行家、『世界周辺の新旅行、支那の記事も含む』一七二八年パリ発行を著作。カントはこの第一巻一七二頁以下を引用。

4（二九頁）〈ビュフォン〉Georges Louis Leclerc, Comte de Buffon（1707-88）フランスの博物学者。著書『一般および特殊自然史』一七四九-八九年三六巻を発刊。その第一巻五二一頁にジャンティの『世界周辺の新旅行』第一巻一七二頁以下が引用され、カントはそれを引用。

5（三一頁）〈いま二五ポンドの鉄のやすり屑、……濃い煙の立ち昇るのが見られ、〉これはレムリ Nicolas Lêmery（1645-1715）の実験で『パリ王立科学アカデミー物理学論文集』の「レムリによる地下の火、地震、暴風、稲妻および雷鳴についての物理学的化学的説明」に発表されてある。本文のすぐ後にある「さらに別の実験」とあるのも同様である。カントはシュタインヴェール（Wolf Balthasar Adolf von Steinwehr, 1704-71）のドイツ語訳本によってこれらの論文を読んでいる。

6（三一頁）〈一クヴェント〉クヴェントは昔のドイツの目方の単位、一クヴェントは約三・六五グラム、一八五〇年以降一クヴェントは一・六七グラムと改まる。

7（三二頁）〈グリュックシュタットとフーズム〉それぞれドイツのサンブルクの北西さらに北方にある町。いずれも北海に臨む。カントは「ホルシュタインの海岸」の町ともいっている。

8（三二頁）〈カレー〉Louis Carré（1663-1711）フランスの物理学者、科学アカデミー会員、ここでとり上げられているのは『パリ王立科学アカデミー物理学論文集』一七五〇年十一頁以下『水中における銃弾の屈折に関する物理学的実験』で、カントはシュタインヴェールのドイツ語訳本からでなくフランス語原文から引用。

9（三二頁）〈サン・ヴィンセンテ岬〉イベリア半島の南西端、ラゴスの近く。

10（三二頁）〈フィーニステレ岬〉イベリア半島の北西の岬、サンティアゴの真西。

11（三三頁）〈（力学の根拠によれば）毎秒三〇フィート進むことが可能である地雷の速度〉カントが理解していたベルヌーイ（1700-82）の定理、液体のある量が落下する際には、その重心の落下距離 h は、その部分だけ取り放して、これに落下で得た速度 v を与えたとき、その重心が上昇しうる高さに等しい、すなわち $v^2/2g=h$（g は重力の加速度三一フィート／秒／秒、一九〇〇年頃の数値）を適用すると、地雷の速度が v 上にある物体を投げる高さが h となり $v=\sqrt{2\times31\times15}=30$ フィート／秒。

12（三四頁）〈テンプリン〉ドイツのノイ・ブランデルブルク地方の町、ベルリンの北。近くにフェール湖、ネツォウ湖、レデリン湖、リベ湖など湖が多い。

13（三五頁）〈前号では十一月一日とした〉本論文の前半においては十一月一日とした。訳注2〔一〇三頁〕を参照。

14（三五頁）〈この論文は日ならずして王室およびアカデミー印刷所から発刊されるはずである〉カントは本論文『地震の原因』を発表した翌月、『地震の報告』を『ケーニヒスベルク懸案と公告週報』に発表している。

『地震の報告』

1 (三七頁)〈地震の報告〉次の行で始まる原論文の題名を訳者が略称。

2 (三八頁)〈クラフター〉昔の長さ単位、一クラフターは約一・八メートル。

3 (三九頁)〈ニクズク〉ニクズク科の常緑喬木、マレー原産、高さ十メートル、種子中の仁は医薬、香味料。

4 (三九頁)〈チョウジ〉フトモモ科の熱帯常緑喬木、高さ数メートル、アジアのモルッカ諸島原産、十八世紀以後アフリカ、東印度に移植、蕾を乾燥したものは丁香(ちょうこう)および香料に使われ、果実から香料、薬料となる丁字油がとれる。

5 (三九頁)〈バンダ〉南緯五度、東経一三〇度、インドネシアの小島。

6 (三九頁)〈アンボイナ〉インドネシア、バンダ島の東。

7 (三九頁)〈ヒプナー〉Johann Hübner (1758 死去) ドイツ、ハンブルクの法律家、弁護士。『完全なる地理学』ハンブルク一七三〇―三二年を著作、〈報告を〉は同書ベルリン一七四五年二巻五六六―五六七頁。

8 (四一頁)〈ショイヒッツェル〉Johann Jacob Scheuchzer (1672-1733) スイス、チューリヒのキリスト教禁欲主義派の司教。著書『スイス国の自然史』チューリヒ一七一六年一巻一一七頁参照。

9 (四二頁)〈カジスの土地〉スペインのアンダルシア地方の港町。

10 (四三頁)〈フェス〉アフリカのモロッコ、セブー川の支流フェス川河畔の町。

11 (四四頁)〈ベズビオ山〉イタリア南西部、ナポリ湾頭の活火山、高さ一三〇一メートル。紀元七九年噴火、ふもとの古都ポンペイを埋没。

12 (四五頁)〈ビュフォン〉フランスの博物学者、『地震の原因』訳注4〔一〇三頁〕参照。

13 (四五頁)〈ケーニヒスベルク週報の中〉『地震の原因』訳注11〔一〇四頁〕参照。〈毎秒三〇フィート進むことが可能である地雷の速度〉

14 (四五頁)〈マルシーリ〉Louis Ferdinand comte de Marsigli (1658-1730) イタリア、ボローニャの人、『海の物理学史』アムステルダム一七二五年をフランス語で著作、十一頁参照。

15 (四六頁)〈カルタウネ砲〉一五―六世紀、弾丸を砲身の先から入れこむ大砲。

16 (四六頁)〈ライン式ルーテン〉昔の長さ単位、一ライン式ルーテンは三・七七メートル。

17 (四七頁)〈グラン〉昔の重さ単位、一グランは〇・〇六グラム。

18 (四七頁)〈聖ヤコブ祭〉キリスト十二使徒の一人ヤコブを祭る、七月二十五日。

19 (四七頁)〈水力学の糖尿病〉水力学で知られていたヘロンの吸いこみ杯、ヘロンの二重杯。一定高さに水が満たされると中につくられているサイフォン装置で水が吸い出され空になる杯、サイフォンは三世紀ギリシアのヘロンが工夫。

20 (五〇頁)〈ファレン〉オランダ語で Bernhard Varen、ラテン語で Beruhnaldus Varenius (1622-1650) オランダ、アムステルダムの医学者、科学者。〈横よりも縦により拡がっている〉の観察は『一般地理学』アムステルダム一六五〇年一二号にラテン語で掲載、後ニュートンがその一六七一年版の一部をケンブリッジで出版、これをカントが所蔵。ラテン語の著『日本地誌』一六四九年もある。

21 (五〇頁)〈ルロフ〉Johann Lulof (1711-1768) オランダの天文学者、神学者。『地球体の両側面についての知識入門』を一七四三年ラテン語で著作、これのケストナーによるドイツ語訳『地球体の数学と物理学の知識入門』ゲッチンゲンとライプチヒ一七五五年をカントが所蔵。

22（五一頁）〈レイ〉John Ray（1627-1705）イギリスの地理学者。『世界の始め、変遷および滅亡、一、始めのカオスおよび世界の創造、二、洪水一般、その原因結果……』ロンドン一六九三年を著作。このドイツ語訳『世界の珍奇なクローバーの葉、始め、変遷および滅亡』ハンブルク一六九八年、『世界の始め、変遷、滅亡に関する物理学、神学の考察』ライプチヒ一七三二年。

23（五四頁）〈マリオット〉Edme Mariotte（1620-1684）フランスの王立科学アカデミー会員。『パリ王立科学アカデミー報告』一七一七年三四六頁の「水および他の流体の運動に関する論文」参照。一六七六年「気体の容積は一定温度で外からの圧力に逆比例する」というボイルの法則を再発見。

24（五五頁）〈アゾレス諸島〉北大西洋ポルトガル領、西経二八度北緯三八度。

25（五九頁）〈他のところ〉『地震の原因』訳注3〔二九頁〕参照。

26（五九頁）〈パリ王立アカデミー報告〉『パリ王立科学アカデミー報告』二巻五七頁。

27（五九頁）〈スミルナ〉トルコのイズミット。一六八八年の地震、死者約二〇、〇〇〇。一九九九年八月一七日午前三時マグニチュード七・四の地震、死者一五、〇〇〇。津波、雷発生。

28（六〇頁）〈ブゲール〉Pierre Bouguer（1698-1758）フランスの数学者、水路学者。その著『地球の形態、第一章王立科学アカデミー諸氏によるペルーへの航海の要約記録』一七四九年参照。

29（六一頁）〈ミュッセンブルーク〉Pieter van Muschenbroek（1692-1751）オランダの物理学、数学者。〈北極光が見えたことを観察した後〉はラテン語の著『物理学基礎』ライデン一七二九年。そのドイツ語訳ゴットシェトの『自然科学の基礎』ライプチヒ一七四七年をカントが所蔵。

30（六二頁）〈ボイル〉Robert Boyle（1627-1691）イギリス、アイルランドのオレリー大公の十四番目の子、物理学者、化学者、王立協会の初会員。〈これと全く同じことが起こった〉はラテン語の発表論文『実例集』一六七七年ケルン発行にあり、カント所蔵。空気ポンプを使った実験で『空気の弾力とその効果に関する物理学、機械学的新しい実験』一六六〇年を発表、中に「気体の体積は一定温度で圧力に逆比例する」を実証。磁石と電気の力を実験。『ボイル著、懐疑の化学者一六六一年』田中、原田、石橋訳、内田老鶴圃一九六、二二〇頁参照。

31（六三頁）〈磁石の隠れた性質は僅かしか分かっていない〉後に地震が磁石に作用したのを観察した例。フンボルト『コスモス（宇宙）』一八四五—六二年三巻七二頁参照。

32（六五頁）〈ヘールズ〉Stephan Hales（1677-1761）イギリスの生理学者。彼の論文「多様な様式の化学—静力学の実験による空気の分解の試み」『哲学会報』一七二七年三八巻二六四頁とこのドイツ語訳「ヘールズ博士によるニューゲートとサボイ監獄での空気を移動させる物の良好な働きについての報告」『ハンブルク雑誌』一一巻九七頁参照。

33（六七頁）〈ゴーチエ〉Jacques Gautier Dagoty（18世紀始め-1785）フランス、ディジョンの画家、銅・石版彫刻家、解剖学者。ニュートンの『プリンキピア』一六八七年『光学』一七〇四年に表われた天体論、色彩論に対抗するために書いた『宇宙の新体系』パリ一七五〇年、そのドイツ語訳は『フライエ（豊饒と平和の神）の宣旨と報告』ハンブルク一七五六年七九、八十頁に掲載。

34（六七頁）〈ダムピエール〉William Dampier（1652-1715）イギリスの海賊、世界周航家、海軍大将。海賊をしながらチリ、ペルーとメキシコ海岸を探険、〈普遍的に見つけた報告〉を記してある彼の著『世界中の新航海』一六九七年などで二〇、〇〇〇ポンドを獲得。

『続、地震の考察』

1（七一頁）〈ホイストン〉William Whiston（1667–1752）イギリスの神学者、数学者、ケンブリッジ大学数学教授。彗星のことは彼の著書『地球の新理論』ロンドン一六九六年にある。このドイツ語訳『地球の新考察』がドイツのヴィッテンベルクで一七一二年に、同じく『地球の新考察、すなわちその起源と経過から事物すべての創造まで』がフランクフルトで一七一三年に公刊。

2（七一頁）〈アルトナ〉ドイツ、ハンブルクの中の街。

3（七一頁）〈プロフェ〉Gottfried Profe（1712–1770）アルトナ中高等学校校長。惑星と地球上の出来事を関係づけた彼の論文は『シュレスヴィッヒ―ホルシュタイン公告』一七五五年、四七、五一、五二号に掲載。

4（七一頁）〈ディグビイ〉Kenelm Digby（1603–1665）イギリス海軍の艦長、外交家、宗教と半ば科学的なことについての著作家、ロンドンの王立協会の最初の会員。〈魔術の不可思議〉のことは彼の論説『あわれみの力による負傷の治療に関する……論説』はフランス語で一六五八年パリ、英語で一六五八年ロンドン、ドイツ語で一六六四年フランクフルトにおいて出版。

5（七一頁）〈ヴァルモン〉Pierain Lorrain（1649–1721）ヴァルモン神父 Abbé de Vallemont といわれた。著書『からだのオカルト』パリ一六九三年、そのドイツ語訳はドイツのニュルンベルクで一六九四年とブレスラウ、現在ポーランドのブロツラフで一七〇八年に刊行。

6（七一頁）〈ブロッケン山〉ドイツ、ハルツ地方一、一四二メートルの山。五月一日の前夜魔女たちがこの山に集まって魔王と祝宴をはるという民間伝承があった。

7（七二頁）〈リスター〉Martin Lister（1638-1712）イギリスの動物学者、医師。『哲学雑誌』に軟体動物、鉱物などについての論文を発表。新しい地図の作成、地理学の調査を王立協会に提言。

8（七二頁）〈アオウキクサ〉ウキクサ科多年生草本、苔状で長さ二―四ミリメートル、水辺に漂い、一本の細根を垂らす。今いわれる炭酸同化作用で太陽光、二酸化炭素と水から、激しく酸素、新しい水とでんぷんなどの炭水化物をつくり出す。〈海の植物が異常に強い発散物を身にもっている〉はこの酸素のことであろう。

9（七三頁）〈ブゲール〉『地震の報告』訳注28〔一〇七頁〕参照。

10（七三頁）〈朔《さく》〉月が地球から見て太陽の後方にきた時。合《ごう》ともいう。

11（七三頁）〈衝《しょう》〉月が地球から見て太陽と正反対にある時。

12（七四頁）〈一三〇、〇〇〇倍も小さい〉惑星の作用による満潮の高さは、惑星の質量に比例し、惑星からの距離の三乗の割合で減る。今、木星が、太陽よりも地球から平均して五倍も遠く離れており、そして質量は一〇四八倍も小さいとすると、木星による満潮の高さは、太陽による高さの $\frac{1}{125}\times\frac{1}{1048}=\frac{1}{130{,}000}$ となる（『アカデミー版　カント全集一九一〇年』の編纂者ヨハネス・ラーツによる注釈）。惑星による満潮の高さについてはニュートンの『プリンキピア』ロンドン一七一三年の命題三六、問題一七、海を動かす太陽の力を見いだすことの節がある、中野猿人《なかのましと》訳『アイザック・ニュートン著プリンシピア』講談社一九七七年参照。

13（七四頁）〈太陽の引力は、海洋の水を約二フィート高く上げる〉中野訳『アイザック・ニュートン著プリンシピア』講談社五七五頁参照。

14（七四頁）〈二五デチマル・スクルペルを付け加える〉一デチマル・スクルペルは一デチマル・リニェの十分の一すなわち一フィートの千分の一の長さ。

15（七五頁）〈ガッサンディ〉Pierre Gassendi（1592-1655）フランスの神父、哲学者、自然科学の実験の提唱者。ガリレオ、ケプラーの友人。〈ペイレスクは、三つの惑星が結び合いをした〉は、ガッサンディ著『優れたニコラ・クロード・ペイレスクの伝記』一六五一年ハーグ出版一〇六頁にある。

16（七五頁）〈ペイレスク〉Nicola Claud Fabri de Peiresc（1580-1637）フランス、プロヴァンス生れの神霊学者、多くの著作をした。

17（七六頁）〈ヴェストファーレン〉プロイセン西北の地方。

18（七七頁）〈レムリの実験〉『地震の原因』訳注5〔一〇三頁〕〈いま二五ポンドの鉄のやすり屑……〉を見よ。

19（七七頁）〈粒子の鉄〉原子の鉄。

20（七七頁）〈ピエトラ・ラマ〉イタリアのフローレンス付近の噴火山。

21（七八頁）〈ビネ〉Isidore Binet（1693-1774）フランスのカプチン派修道会の司祭。地震と雷すなわち電気の原因を論じたイタリア語の論文『ペルジア（イタリア中部の高地）の地震の原因に関する論説』一七五一年を発表。この内容はドイツ、シュネーベルクのキリスト教新聞の論説『地震についての古今の著作家の歴史的批判的記録』一七五六年二六頁に、また『ハンブルク雑誌』一七五四年一〇巻二九二―二九九頁に掲載。

22（七八頁）〈クリューゲル〉Johann Gottlob Krüger（1715-1759）ドイツ、ヘルムシュタット大学、哲学、医学教授。地震と雷については彼の著書『地震の原因についての所信、倫理の考察付き』ハレ一七五六年四七六―四七九頁。この本の内容は『フライエ（豊饒と平和の神の名）の宣旨と報告』ハンブルク一七五六年四七六―四七九頁に紹介。

23（七八頁）〈ホールマン〉Samuel Christian Hollmann（1696-1787）ゲッチンゲン大学、哲学教授。〈燃える物質で心配される大地には、空気口が有益である〉は『学術に関するゲッチンゲン報告』一七五六年一六四頁にある。

24（七八頁）〈プロメテウス〉ギリシア神話でタイタン族の英雄、アトラスの兄弟。天上の火を人間に与えてゼウスの怒りを買い、コーカサスの山に鎖でつなかれ、大鷲にその肝臓を食われたが、ヘラクレスに助けられた。また水と泥から人間を創り、他の獣のもつ全能力を付与したという。

25（七八頁）〈フランクリン〉Benjamin Franklin（1706-1790）アメリカの政治家、科学者、アメリカ合衆国独立宣言起草委員の一人。一七四六年から電気の実験を始め、雷に向って凧を上げ電気と雷は同じものであることを発見。松本、西川訳『フランクリン自伝、一八一八年』岩波文庫参照。

『風の理論』

1（七九頁）〈風の理論〉次の行で始まる原論文の題名を訳者が略称。

2（八一頁）〈一マイルの距離においてはただ八十分の一にしか達しない〉アカデミー版カント全集編集者ラーツの注。カントはここで適切に、底面が四平方マイルの正方形を内容とする空気で満たされた立方体（または平行六面体）を考えた。この立方体の表面から一マイル離れるとこの立方体の表面は二倍になり、また容積は八倍に大きくなる、そして始めの立方体の体積が、十分の一膨張させられるとすると、これは二番目の立方体の体積が八十分の一そうさせられることになる。

3（八一頁）〈エチオピア〉サハラ砂漠以南のアフリカ全土を指している。

4（八一頁）〈ジュリン〉James Jurin（1684–1750）イギリスの医者、科学者、王立協会の会員。

5（八一頁）〈ファレン〉オランダの地理学者『一般地理学』一六五〇年を著作、これをジュリンが再編集『自然地理学』一七一二年として発表。『地震の報告』訳注２０〔一〇六頁〕参照。

6（八一頁）〈ミュッセンブルーク〉オランダ、ライデン大学物理学教授。電荷を蓄えるライデンびんの原理を発見。『地震の報告』訳注２９〔一〇七頁〕参照。

7（八二頁）〈カムジン〉カンプジンまたチャムジンともいわれ、エジプトの南西から吹きこむ熱い砂漠の風、立春から春分まで約五〇日続く。

8（八三頁）〈副行運動〉速さと方向をもつ二つの風が合成する運動。二つのベクトルが合成されたベクトルの運動。

9（八三頁）〈子午線〉地理上の一地点と地球の南北極とを含む平面が地球表面と交わった大円。経線。

10（八四頁）〈緯度〉赤道に平行して地球表面を南北に測る座標。赤道を零度として南北おのおの九〇度に至る。北に測るのを北緯、南に測るのを南緯。

11（八四頁）〈余弦〉直角三角形の一つの鋭角の隣辺の長さに対する斜辺の長さの比。コサイン。

12（八四頁）〈正弦〉直角三角形の一つの鋭角の対辺の長さに対する斜辺の長さの比。サイン。

13（八四頁）〈このことは、一秒につき十八フィートで吹き過ぎ〉ラーツの注、一九〇二年。この例では北風の速度は一秒当り十八フィートでなく九フィートと置き換えねばならない。十八フィートの速度の結果としての運動は北北東風のはずである。風は七五マイルの長さの行路で、その速度の半分を失ってしまったことを知らねばならない。しかしカントはそれを分からなかった。

14（八六頁）〈ここでまた自然科学で最も知られた根拠とよく一致している別の原因をみてみよう〉この別の原因は、カント以前にイギリスのジョージ・ハドレーが「一般の貿易風の原因」として『哲学会報』一七三五年五頁に発表。カントはこの論文を承知していなかったといわれている。貿易風とは赤道付近の上昇気流をおぎなうために三〇度から四〇度までの地帯から吹く風。地球自転のため北半球では北東、南半球で南東から吹く。

15（八七頁）〈バロメーター〉気圧計、晴雨計。大気の圧力を水銀柱の圧力に換えて測る水銀気圧計がよく使われてきた。

16（八八頁）〈支那〉中国。ドイツ語でヒナといった。

17（九一頁）〈マリオットの観察〉『マリオット氏の論文集』一巻一七一七年ライデン発行一六〇、一六一頁の「大気の自然について」参照。『地震の報告』訳注23〔一〇七頁〕参照。

18（九一頁）〈コンパス〉羅針儀。磁針が南北を指すことを使って方位、船の進路を測る道具。

19（九一頁）〈エーベルハルト〉Johann Peter Eberhard 1718-77）ドイツのハレ大学哲学教授、バウムガルテン教授の弟子。著書『論理学』一七五二年をカントが教科書として使った。

20（九一頁）〈マイアー〉Georg Friedrich Meier（1718-77）ドイツのハレ大学哲学教授、バウムガルテン教授の弟子。著者『論理学』一七五二年をカントが教科書に使った。

21（九一頁）〈教授バウムガルテン氏〉Alexander Gottlieb Baumgarten（1714-62）ドイツのフランクフルト・アン・デル・オーデル大学哲学教授。著者『形而上学（メタフィジカ）』一七三九年をカントが教科書に使った。

22（九一頁）〈ハンドブック〉手本、ハントブーフ、教科書。

解説

カントImmanuel Kant（1724-1804）はプロイセン王国のケーニヒスベルク（ソ連邦のカリーニングラード、現在ロシア連邦のケーニヒスベルク）のケーニヒスベルク大学哲学部の教授で、生涯を通じ哲学に関する著書、論文をおよそ四五編、自然科学に関するものおよそ二七編を発表した。本書は地球に関連する科学小論文六編、『地球の軸回転の変化』、『地球の老化』、『地震の原因』、『地震の報告』、『続、地震の考察』と『風の理論』を日本語訳したもの。このうち『地球の老化』、『地震の報告』、『続、地震の考察』と『風の理論』の日本訳出版は一九九九年までにはないようである。

カントの著者、論文のほとんどは『理想社、カント全集、昭和四一年』、『岩波書店、カント著作集、大正十三年』、『岩波文庫、昭和二年』などで日本訳出版されていた。そしてカントの全著書、論文を網羅して日本訳した『岩波書店、カント全集、全二二巻、別巻一、編集委員、坂部恵、有福孝岳、牧野英二』が一九九九年十二月から出版、発売されることになった。

訳者の訳出底本『プロイセン王立科学アカデミー編纂、カント全集、第一巻一九一〇年』Kant's geſammelte Schriften, Herausgegeben von der Königlich Preußiſchen Akademie der Wiſſenſchaften, Band I, Erſte Abtheilung: Erſter Band, Berlin, Druck und Verlag von Georg Reimer 1910である。

このアカデミー版を写真印刷した翻刻版のKants Werke, Akademie-Textausgabe, Unveränderter photomechanischer Abdruck des Textes der von der Preußischen Akademie der Wissenschaften 1902 begonnenen

Ausgabe von Kants gesammelten Schriften, Band I, Vorkritische Schriften, I, 1747-1756, Walter de Gruyter & Co. Berlin 1968 が全九巻一四〇ドイツマルクで、日本円二三八〇〇円で販売された。

本書の六編のラテン文字の原文はツェーベ編『カント・地理学の、および他の自然科学論文、一九八五年』IMMANUEL KANT, Geographische und andere naturwissenschaftliche Schriften. Mit einer Einleitung herausgegeben von J. ZEHBE, FELIX MEINER VERLAG, HAMBURG に収められている。

東洋大学創始者井上円了（1831-1891）は大学予備門図学教授渡辺文三郎（1853-1936）に四聖人として釈迦、孔子、ソクラテスとカントの肖像画を依頼、東京大学教授中村正直（1832-1891）が画讃。「文学士井上君、画工をして四聖の像を作らしめ余に讃をもとむ。四聖とは孔子、釈迦の二氏及び瑣克刺底（ソクラテス）、韓図（カント）也。孔、釈の教えは溺るるをたすけ、焚かるるを救う。若し二聖なかりせば人禽なんぞ分たん。欧洲の哲にはもっとも瑣、韓を推す。大宗師はもとより道徳の根を知る。弱肉強食、今尚、已まずんば卓美の世（Ideal World）何れの時ぞ待つべき。炳燭の余光に我老いたるを嗟くのみ。往きを継ぎ来るを開くは望、俊士にあり。明治乙酉（十八年）十二月正五位　中村正直」（口絵写真）。日本画家横山大観（1868-1958）は東京美術学校に入るため渡辺文三郎私塾に週一遍通って鉛筆画を勉強。

東京大学で二一年間、哲学を英語で講義したドイツ人ケーベル Raphael　Koeber（1848-1923）の講義録『AN INTRODUCTION TO PHILOSOPHY（哲学入門）』ジャパン・タイムズ社一八九七年に、

「FIRST LECTURE. Gentlemen! The task of the lectures which I shall deliver you in the first half year is to prepare you for your future philosophical studies. SIXTH LECTURE. Kant *did not deny* the possibility of cognition; for that reason he was *not a sceptic*. His philosophy is *criticism*（kritische Philosophie）. On account of this task Kant titled his principal work *Kritik der reinen Vernunft*, one of the most celebrated and difficult books. It appeared in the year 1781.（第一課　諸君！　最初の半年に私が諸君に述べようとするこの講義の務めは、諸君の将来の哲学研究のため諸君に準備させることである。第六課　カントは認識の可能性を否定しなかった。この故に彼は懐疑論者ではなかった。彼の哲学は批判論《批判哲学》である。この労作のためカントは自分の最も主要な著作、最も有名そしてむずかしい本の一つに、『純粋理性批判』と表題をつけた。それは一七八一年に出版されている。）」

詩人、二高教授、文化勲章受賞者土井晩翠（1871-1952）の『晩翠詩抄』岩波文庫、昭和五年に、「天馬の道により（一九二〇年作）

オーリエント、オーリエント、オーリエント
名工レニの筆に見るオーロラ花を散らす郷、
光はじめて出づる郷、
紅宝石の郷、碧玉の郷、
蒼溟の底純潔の光真珠の生るる郷、
黄金の屋の光る郷、
サフランの花にほう郷、
石楠《しゃくなん》の香の渓流に引かれて遠く薫る郷、
百蛮のあなた長城の雲に入る郷、
神秘の文字上より下に奇怪のペンに書かるる郷、
十二帝陵荒れはてし廃墟に残る奇怪の巨像、
夜半に目をあげ天上のきらめく星と語る郷、

斯く西欧のファンタジイ、
忽必烈汗《くぶらいかん》の朝廷に、
ヴェニスの公子入りし後、
わが東洋を夢みしや。」

この「きらめく星と語る郷」はカントが住んだケーニヒスベルクを詠んだのであろう。そこのカントの墓碑には彼の著作『実践理性批判』の結論の文が刻まれてあった。一八八〇年。IMMANUEL KANT 1724 ＊—＋ 1804 ZWEI DINGE ERFÜLLEN DAS GEMÜT MIT IMMER NEUER UND ZUNEHMENDER ERWUNDERUNG UND EHRFURCHT, JE ÖFTER UND ANHALTENDER SICH DAS NACHDENKEN DAMIT BESCHÄFTIGT: DER BESTIRNTE HIMMEL ÜBER MIR UND DAS MORALISCHE GESETZ IN MIR.（二つの事、わが上なる星のきらめく空とわが内なる道徳律は、それについてよりしばしば、そして絶え間なく瞑想すればするほどより新しく、そして増大する驚嘆と畏敬とをもって心情を満たす。）

作家、菊池寛（1888-1948）の『日本世界偉人画伝』文藝春秋社、昭和三年に、

「かんと

かんとハ、どいつノ大哲學者《ダイテツガクシャ》デアリマシテ、世界中《セカイヂユウ》デモ大《タイ》ソウ名高《ナダカ》イ人《ヒト》ノ一人《ヒトリ》デアリマス。

コノ人《ヒト》ハ、死《シ》ヌマデ自分《ジブン》ノ生《ウマ》レタ町《マチ》カラ外《ソト》ニ、一足《ヒトアシ》デモ旅行《リヨカウ》ト云《イ》フコトヲシタコトノナイ人《ヒト》デアリマシタガ、ソレデヰテ、外國《ガイコク》ノ地理《チリ》ヲ、ソノ土地《トチ》ヲ旅行《リヨカウ》シテ來《キ》タ人《ヒト》ヨリモヨク知《シ》ツテヲリマシタ。ろんどんノ街《マチ》ノ様子《ヨウス》ナドハ、ドンナツマラナイ橋《ハシ》デモ、ドンナ小《チイ》サイ路《ミチ》デモ、チヤント自分《ジブン》デ行《イ》ツテ見《ミ》テ來《キ》タヤウニ、少《スコ》シモ間違《マチガ》ハズニオボエテヰマシタ。ソノクラヰかんとト云《イ》ウ人《ヒト》ハ、モノオボエト、モノゴトヲ考《カンガ》ヘル力《チカラ》ノ強《ツヨ》イ人《ヒト》デアリマシタ。マタかんとハ、時《ジ》間《カン》ヲ大《タイ》ヘンカタク守《マモ》ル人《ヒト》デアリマシタ。かんとハ毎日時間《マイニチジカン》ヲキメテ、町《マチ》ヲ散歩《サンポ》シマシタ。ソシテ、ソノ歩《アル》ク時間《ジカン》ガ一

年中《ネンヂユウ》少《スコ》シモ間違《マチガ》ヒマセンデシタノデ、町《マチ》ノ人人《ヒトビト》ハ「ソレかんとサンガ通《トホ》ルカラ、今《イマ》ハ何時《ナンジ》ダ。」と、イハレルヤウニナツテ、時計《トケイ》ガハリニサレマシタ。」

デプラーが一七九一年に画いたとみられるカント像に似た落款のないペン画のカント像の挿絵。

『きけわだつみのこえ、岩波文庫、一九八二年』に、

「中村勇、東京物理学校学生。昭和十七年十二月入営、十九年四月ニューギニヤ、ホーランジアにて戦死。日記。四月十六日軍隊生活の俺に与えたもの。個人と全体、無常として死生、無我として多数の殺人。十一月十一日この日頃、俺はパスカルや西田先生の隠れ家に尋ねて行かない。ただ遠くカントやアーベルの瞳をしたい、彼らの偉大なしかも子供らしい探究に心から没入し愛着しているのだ。」アーベル Niels Henrik Abel（1802-1829）は楕円関数論を研究したノルウェーの数学者。

『加藤将之歌集』短歌新聞社、昭和四六年に、

山びとの鉱毒死につきてカントは怒りぬこの場合の博学は許したまわれ

作者の著書に『カントの生涯』理想社、昭和三九年。

『朝日歌壇』昭和六一年に、

純粋理性批判読めと文くれしサイパン陥つとの噂きく頃（東京都）土橋良枝

太平洋戦争でサイパン島守備隊の日本軍が米軍に全滅、昭和十九年（一九四四年）。

『さめず』会報、平成五年に、

人日の耳を洗ひに哲学堂（東京都）桜井千春

作者は東芝の電気技術者。哲学堂は井上円了が渡辺文三郎画く四聖人肖像の軸をかかげて祀った祠、明治三六年。

東京都中野区哲学堂公園。

ロシア、カリーニングラードのカリーニングラード大学にカント博物館、二三六〇三九カリーニングラード、レーニンスキー並木通り、八三B・八（Myzei I. Kanta. 236039 Kaliningrad, Leninsky pr., 83-B., 8, Russia）。カントの胸像、将校達の前で講義をしているカントの絵、カントの家の模型、新しく制作したカントの立像が展示。

プロイセンのケーニヒスベルク大学図書館とケーニヒスベルク大学博物館で所蔵していたカントに関係をもつ図書、肖像、胸像、記念物は一九四四年八月二九日と三十日のイギリス空軍の爆撃によってほとんど焼失、ついでケーニヒスベルクはソビエト連邦の領地に、名もカリーニングラード（Калининград）（Kaliningrad）に変わった。

ドイツのケーニヒスベルク博物館ハウス、四一〇〇ドゥイスブルク、ミュールハイマー通り三九（Museum Haus Königsberg, 4100 Duisburg, Mülheimer Straße 39, Deutschland）のカント記念室に、一七六八年ケーニヒスベルク美術学校図学教授ベッカーが画いたカントの肖像、一七九一年デプラーが画いたカントの肖像、カントの立像、カントの胸像、ケーニヒスベルク大学の模型が展示（口絵写真）。

『地球の軸回転の変化』

カントは一七四〇年に十六歳と六か月で故郷のケーニヒスベルク大学に入学し哲学、数学、物理学を学んだ。一七四六年に卒業、ティルジット（現在のソビエック）にあるカイザーリンク伯爵家などの家庭教師をつとめた後、再びケーニヒスベルクにもどり卒業論文『活力測定考』「活力の真の測定についての考想、およびこの論争においてライプニッツ氏ならびに他の力学者たちが用いた証明の評価、それに先だち、物体一般に関する二、三の考察を付す、ケーニヒスベルク一七四七年四月二二日イマヌエル・カント」を大学に提出し、またこれを裕福な靴職商の伯父リヒターの援助をうけて業者エーバー・ハルト・ドルンに印刷出版させた、一七四九年。

ベルリンのプロシア王立科学文芸アカデミーの一七五四年度、数学部門の懸賞課題は『地球がその軸を回る毎日の運動は永久に同じ速さであったかまたはノンであったか？　そしてそれを確かめる最も良い方法は何であるか？　この運動に不同がある場合その原因は何であるか？』で、カントはこれに触発されて応募論文を作った。

月の引力で地球の海が潮汐になり、これが大陸の岸に衝撃を与え、軸回転の運動の速さを小さくするというアイディアから「全運動を消耗させるまで……二百万年が必要であろう」と結論した。月による潮汐のことについては既にニュートンの『プリンキピア』一六八六年の「命題三七、問題一八、海を動かす月の力を見いだすこと」などから学んでいたようである。

しかしカントは応募予定の論文を「賞を受けるに相応しい……度合いが不適当である……」と分かったからとして提出をとり止めた。そしてこれが『ケーニヒスベルク懸案と公告週報』一七五四年六月八日と十五日の二三号と二四号に載せられた。

カントの論文は知られずじまいになった。エイリ Airy Georg Biddell（1801-1892）の「月の経度上における平均運動を見かけ上、加速させる影響を及ぼすと推定される潮汐の摩擦作用について」、イギリスの『王立天文学協会月刊報告』一八六六年四月十三日にトムスン William Thomson（1824-1907）「地球回転の潮汐による遅れを見出す観測と計算について」が『哲学雑誌』一八六六年四月二三日に発表された。これらはみなカントと同じアイディアのものである。

そしてカントの論文が再びとり上げられるのは、アカデミー版カント全集が編纂される一九〇二年頃、編集者の一人ヨハネス・ラーツによる。

この論文の作成のなかで、「……宇宙の最初の状態、天体の創造および宇宙の構造の状況を表わしている記念物から組織的な関連の原因が決定されねばならない」として、カントは一七五四年に『地球の老化』を発表、一七五五年に『天界の一般自然史と理論』を出版した。

『地球の軸回転の変化』の日本訳に荒木俊馬訳『カント・宇宙論、付録』恒星社厚生閣一九五四年、英訳にヘイスティ W. Hastie 訳『カントの予備論文』一九〇九年頃がある。

カントが応募しようとした懸賞にはイタリアのピサの天文学者、数学者フリジ Paulo Frisi（1728-1784）の論文が当選した。これについてのプロイセン王立科学アカデミーの証書は次のようにフランス語で記録されている。

「地球の毎日の運動に関する論文。著者パウロ・フリジ。

＊緒言

（＊これは一七五六年六月三日の公開集合でアカデミー会員フーデル氏が読み上げた）

アカデミーは本年度懸賞に次の課題を提言した。地球がその軸を回る毎日の運動は永久に同じ速さであったかまたはノンであったか？　そしてそれを確かめる最も良い方法は何であるか？　この運動に不同がある場合その原因は何であるか？

この懸賞は力の限りを越えるの銘句をそなえる論文に入札の上与えられる。だから私はこの論文の著者に課題を研究する方法のアイディアを与えるよう努めた。著者は提案された課題が、いかなる天文の観察によっても、またいかなる物理学の実験によっても、厳密には決着つかないのに着目することから始めている。何故なら、もし例えばある長さの振り子が一日で、以前に起きたより更に多い数には振動しないならば、この変化を重さの増加のせいとも、また毎日の運動の速さの減少のせいともとることができるからである。同様にもし太陽のまわりの惑星それぞれの回転が以前に起きたよりも年の同じ数の中でより多くは完成されないことを見つけるならば、この不同を惑星の同じ回転に移すことは拒絶されるだろう。それから同じように、ひとが行ないたいと思われるこの他の観察の中でも同様な障害が起こるであろう。

この考察が著者をア・プリオリに、原因から結果へ、確かな原因の演繹に問題を解決するように導いている。そこで彼はニュートンのシステムを受け入れる。そして彼は地球の毎日の運動にいくらかでも不同を起こさせるかも知れないと思われるものすべてを検証する。彼は、この運動が一年間のコンビネーションで、あるいは太陽と月の作用のために、あるいは地球上の物体の衝撃のために、あるいはエーテルの抵抗のために、変化を受けるかを研究する。

著者はこれらの点について大変詳細にわたる、そしてその間、昼夜平分点の歳差、黄道の傾斜の変化などのような天文物理学の多くの重要な事柄を研究する。しかも遂に彼は、調べた事柄が、エーテルの抵抗の他は、何も地球の毎日の運動に如何なる状態の影響をも与えることができないことを見出す。そのものは正に前述の運動にいくらかでも分かる程の遅れを起こすためには余りに小さいかも知れない。何故ならエーテルの存在はほとんど疑うことができないとはいえ、それにもかかわらず、それは極めて微細な流動体であるのは確かであるからだ。しかしながら若干の天文学者はこの流動体の作用を見出したと考えている。それは太陽の回りの地球の回転は以前よりも今の時代により短いかも知れないことだ。

われ等の著者は、この大変に小さい差は観測の中で避けられない誤差から生ずるのではなく、それは真実であり、そしてそれはエーテルの抵抗の結果によると推量する。彼は地球が一年の運動にこうむる抵抗を地球の毎日の運動に起こす抵抗に比較する。そして計算によって、一番目は二番目より、およそ一万倍大きいことを見出す。そうだとすると一番目の結果はほとんど観測できないくらいであるから二番目の結果（すなわち毎日の運動に対する抵抗）は絶対に感じとれないはずである。

要するにこれらの原因も、著者が調べた他のいかなる原因も、地球の毎日の運動を変えることはできない。著者は、この運動は一定、然らざれば不変の速さであらねばならぬことを結論する。（訳者注、以下ラテン語で書かれた論文二九頁が数値計算、図入りで掲載されている。）

印刷認可、アカデミー会長モーロー・ド・モペルチエ」

地球の軸回転すなわち地球の自転について、宮地政司は、その著書『現代の天文学』恒星社厚生閣一九五八年の「地球の自転速度と新しい時系」の中で次のように解説している。

「物理常数は変化するか。ネーチャー誌（一九五五）にエドワード・ビラード卿がこう書いている。〝デラミックス、ミヨル、ヨルダン等は、普通物理定数と認められているものは一年に$1/T$の割合で変化があるだろうと指摘している。Tは宇宙の年令で現在4×10^9年と考えられる〟と。自転の永年変化。太陽系内の惑星や衛星の運動は、いわゆる多体問題として、その軌道要素は永年変化をおこす。天体力学では永年摂動と呼ばれるもので、その大きさは主として他の惑星たちの質量に関係する。現在知られている惑星の質量は必ずしも十分正確に判っているとはいえない。観測的には惑星や月の軌道を観測し、その諸元の永年変化を決定することができる。例えば、惑星の平均運動の永年変化が求められる。この観測による永年変化と理論的に推算された永年摂動との差、観測マイナス理論が、極めて大切な量となる。例えばこれは平均運動の不斉という形で求められる。この不斉の解剖から未知の惑星の存在が予言され、引いてはそれが発見されている。

最初に地球自転速度に永年変動が存在することが見出されたのもこのようにして求めた月黄経不斉によったものである。一八世紀の前半、すでに月の運動について古い月食などの観測から世紀あたり15″～20″の加速度があることが多くの人々によって見出されていた。ラプラスはこれは惑星摂動によって地球の軌道の離心率が永年変化を起こすことによるとして説明した。カントは月の起潮による二次的影響によるものとして説明している。月が地球の起潮力によって何時もその一面を地球に向けるようになった理由だというのである。

今世紀にはいってから、理論についてもまたその推算表についてもそれぞれが確立し、古い観測が研究され太陽と月との黄経上の不斉が明確になり、ド・ジッターは太陽（地球の公転）に対し$+1.80\pm0.16''$を、月に対し$+5.22\pm0.30''$をえた。これらの数値は百年を単位とした時T^2の係数として求められたものであり、$(1.80\pm0.16'')T^2$, $(5.22\pm0.30'')T^2$である。Tは一九〇〇年一月〇日正午（世界時）から測り、ユリシス世紀を単位とする。

ド・ジッターの求めたこの結果を水星に現われた加速度に比較すると太陽の場合は平均運動の比になっているが、月の場合はそれより著しく小さなっていることが認められた。彼はその理由として、地球と月との合同の力学系を考えてその回転運動量を不変とすれば、地球の自転の遅れは月の公転の進みを誘発することになると説明したのである（一九二八）。自転速度減速の原因。地球の自転速度の減速が太陽の黄経の加速として現われた値は前節に示したように何れも一致して、約$+1''\times T^2$であって、加速度は百年間に2″～3″ということになる。一日の長さが百年間に一秒の一〇〇〇分の1～2だけ長くなることに相当する。

これだけの減速を引き起こすエネルギーは10〜20億馬力に相当する。テイラー、ジェフレイズなどはこれを潮汐摩擦によるものとして計算し、少なくともその八〇パーセントは説明可能であると主張する。

ジェフレイズは一九五二年に月と太陽とに現われた黄経加速度の比について理論的な研究を行なった。まず、地球と月との連合体の回転運動量は不変であることを仮定する。地球の自転は一般に太陽と月とにより潮汐摩擦などを通して減速されるが、その結果、月は次第に地球からの距離を増し、その結果、軌道運動の角速度が加速されると考える。その理論によると、月と太陽との黄経加速度の比は地球に働く月と太陽の減速の偶力の比を使った関係式で表わされるというのである。ド・ジッター、スペンサー・ジョンズらの観察は、この関係式から少し外れた。ユーリー（一九五二）は新たに地球の慣性能率の永年減少という考えを上記の理論関係式に加えた。慣性能率が減少する理由として、地殻内部で、そこでは液体状態になっているのであるが、鉄ニッケルなどの核が次第に中心部に集合しつつ構成されているためだと想像するのである。自転速度の不規則変動。一九三七年ド・ジッターは、地球の自転速度の変動は十年とか二十年とかに突然大きく変わり、暫くはそのまま継続するといった性質であることをも指摘した。何れにせよ、観測の整理方法にも理論の裏附けにも、さらに研究が必要である。ことに、地球物理学方面の研究に期待されるものが多い。」

『地球の老化』

この論文は『ケーニヒスベルク懸案と公告週報』に一七五四年八月十日から九月十四日まで、三二号から三七号まで掲載された。卒業論文『活力測定考』が書籍として出版されたことからカントはケーニヒスベルクの有識者と認められ、その故に『地球の老化』が週報に載せられたと思われる。

まず物質壊変の法則に相当する「物事についてそれが古いのか、大層古いのか、あるいはまだ若いといえるのか知りたい場合、その物事が続いた年数でなくて、その年数とその物事が続くはずの年数の割合を評価しなければならない」とあげる。エントロピー増大の原理に相当する「自然の美しさと整然さは減少する」と批判する。

カントは後に『自然科学の形而上学的原理』一七八六年のなかで

「かくて物質、相互の化学作用を構成している概念が見いだされない限り、すなわち物質の成分の密度や運動などに比例させて、結果をことごとくア・プリオリに、空間に、明白にし、そして眼前に見せてくれる親和あるいは分離の法則が生じない限り、化学は計画的な技術あるいは実験の学問以上のものとなることはできず、また決して真の科学とはなりえない。なぜなら化学の本質は単なる経験的であり、そしていかなる表現をもア・プリオリに観察の中に認めさせてくれない。したがって化学的現象の諸原則は、これらの可能性を少しも分からせてくれないのである、化学は数学の適用を受けえないから」と化学を批判している。このように化学に精通しているカントは化学実験のデータをヨーロッパ中から集め、「自然が創られたときできたエレメント［元素］が植物によってオイル、エッセンス［樹脂］、揮発し易い酸［炭酸ガス］に変えられる、これらの絶えざる生産が自然の力を喪失する」と考察する。

また「硫黄の本質の成分および火の燃える成分の中の最も主要な成分の絶え間ない生産は自然の形態の破壊にはね

かえる」と指摘している。
この硫黄の成分、火の成分とは、プロイセンの国王フリードリッヒ・ヴィルヘルム一世の侍医、ハレ大学教授、医学者、化学者ゲオルグ・シュタールが『合理と実験の化学』一七二〇年に
「アンチモニウム（硫化アンチモン）、スズおよび鉄は、この順序に燃える硫黄すなわちフロギソ Φλογίζω（訳者注、ギリシア語の燃える）を十分に含んでいる」と、『地中の鉱物物体の根本の結合への入門』一七二〇年に
「この火の元素を私がはじめてフロギストン Phlogiston（燃える性質のもの）と名づけた。これは第一番に火が着き易く、よく燃えるプリンキピウム（元素）である」と書いていたフロギソすなわちフロギストンのことである。
ロバート・ボイルは既に『懐疑の化学者』一六六一年に
「これらはあなたも知っているセンネルトゥス（訳者注、哲学者、著書に『一致と矛盾の本』）がいっているのです。（同一の作用と性質が多数のものに内在している場合には、いつでもある共通の原理によってそれらは内在しているのでなければならない。それらはちょうど、あらゆるものが、土があるために重く、火によって熱いのと同じである。そして色、臭い、味、フロギソ Φλογίζω、その他このようなものが、鉱石、金属、宝石、石、植物、動物に内在している）」とフロギソをあげていた。
もっと遠くアリストテレスは『消滅生成論、第一巻、第一章』紀元前約三三三年に
「彼エムペドクレス（訳者注、紀元前五世紀のギリシアの哲学者、詩人、政治家。詩集『自然について』、『浄め』、『医術論』を著作。）は、火 πῦρ ピュール（訳者注、ギリシア語の火）と水と空気と土とを四つの元素となし、それらは肉とか骨とか、その他、それに類する同質体よりも単純であると言っている」と火の元素を書いていた。戸塚七郎訳『アリストテレス全集、第四巻』岩波書店一九七六年参照。
『地球の老化』に続いて、カントは大学講師の資格、マギステル（修士）をえるため、ラテン語で一四頁に『火に

ついて』を作成しケーニヒスベルク大学哲学科に提出した、一七五五年。

「燃素（訳者注、火の元素の意）は弾性の流動体に外ならない、その波状運動または振動が熱とよばれているものである」と論じている。

更に後、『純粋理性批判』一七八七年にはシュタールが唱えたフロギストンを、この名称を使わないで「あるもの」と呼んで解説した。

「自然科学にとって、それが科学の支道まで達するのは大変にゆるやかであった。これを促進させたのは、たった一世紀半ほど前のことだからである。ガリレイが自分の選んだ重さの球を斜面上に転がり落した時に、トリチェッリーが空気に、自分があらかじめ分かっていた水の柱の重さに等しい重さを支えさせた時に、さらに後の時代において、シュタールがあるもの（訳者注、フロギストンの意）を除去しまた加え足すことによって、金属を石灰（訳者注、酸化金属、さび）に、ふたたび石灰を金属に変えた時に、すべての自然科学者の上に光がさしたのである。」

シュタールの『合理と実験の化学』には〔ローマ産の硫酸塩の石をワインからとった酢と十日間、加温し、えられた溶液部分を蒸留すると白い雪のような透明な結晶が残る。これは、加熱した千倍の鉄の上に振りまかれるとスポンジのように吸われて鉄を金に変えてしまう哲学者の石である〕という錬金術の論文が書かれている。従ってこの本が大変に普及し、これとともにフロギストン説も普及したと思われる。

しかしこのシュタールが唱え、カントも認めたフロギストンは、フランスのパリ王立科学アカデミー会員、徴税官、化学者、法学士ローラン・ラボアジエによって否定された。火とは、物質が酸素と名付ける元素と結びつくときに現われる現象であると誰にも分かる実験と量を数える数学を使って証明した。それから酸素の名は、ギリシア語の、酸っぱいオクシュース *Oξύς*—フランス語の acide アシドとギリシア語の、生むゲイーノマイ *γείνομαι*—フランス語の j'engendre ジァンジァンドルからフランス語でオクシジェヌ oxigène とした。中国ではラボアジエの本を翻訳するときオクシジェヌを酸素とした。そして日本ではこの文字を使っている。

ラボジエの『物理と化学』一七七四年に

「実験四。水銀中で逆さにされたガラス鐘の下での鉛の煆焼。第八図に示した容器とほぼ同じものを使った。……最後に装置全体を大凸レンズにあてた。結果、鉛は溶けると同時にその全面が輝き出した。表面に薄皮ができ、それが黄色になった。その頂上方向に皺《しわ》ができた。その後十―十二分で煆焼はとまった。実験は終わり装置が完全に冷めると、水銀の表面は、はじめの準面より二ライン半下った。この部分の直径は四プース一〇分の八なので吸収された空気（訳者注、酸素の量）は三立方プース四分の三となる。鉛が注意深く砂岩の支えからはずされると、その重さは三グロス一グレイン四分の三であることが分かった（訳者注、はじめ巻いた薄片の鉛三グロスを置いた）。私は蒸留びんの内壁に密着した黄色の蒸気を約四分の三グレインと見積った。それだから煆焼中の全体の重さの増加は約二グレイン二分の一となる。したがって吸収量は金属石灰（訳者注、酸化金属、さび）の重さの増加にかなり正確に比例することになる。蒸留びんの空間部分、すなわち煆焼をした空気の量は七五立方プースであった。つまり吸収は精密に二十分の一であった。……この章の結論。(三) 煆焼が行なわれるに従い空気の量には減少がみられる。そしてこの減少は金属の重さの増加に比例している。……シュタールが理解していた意味では、この煆焼とは、多分、単に、フロギストンの喪失のことでしかないだろう。」

カントは『人間学』一七九八年に

「もしもアルキメデス（訳者注、ギリシアの数学者、発明家、紀元前約二八七―二一二。王の命令により黄金の冠の比重を測り、銀が混っているのを見破った。流体の中で静止している任意の物体は、周囲の流体から受ける圧力の合力として浮力を受ける。浮力の向きは重力と正反対で、その大きさは物体を周囲の流体で置きかえたときそれに働く重力に等しいというアルキメデスの原理を発見。放物線の面積の求め方を研究、ねじを発明）、ニュートンあるいはラボアジエのような人が、その勤勉さと才能をもち続け、生命力が減退することなく、数世紀も続く年令が自然から恵まれたとするならば、どんな量の知識、どんな新しい方法の発見がこれまで貯えられたことであろう」と同時代に活躍したラボアジエを評価している。

『地球の老化』と次の年に出版された『天体の一般自然史と理論』は作成の動機において『地球の軸回転の変化』と深い関連がある。

『地震の原因』

カントがケーニヒスベルク大学哲学科の私講師として講義を始めるようになった頃、ポルトガルのリスボンに地震が起きた。いま、当時の新聞の解説に載った被災地のスケッチ画をみると高潮、津波と火災も起きた大震災だった様子が分かる。坂部恵訳『シュルツ著カント』理想社一九八二年、参照。死者は六万人に達したという。一七五五年十一月一日、万聖節の日であった。このヨーロッパの大災害に触発され、自然科学をも学ぶ若き哲学者は、「このような場合には、公衆に対する義務は、観察と研究が、自然科学者に与えることができる知見について、彼に説明させるべきである。」

という使命と責任を感じた。

すでに懸賞論文に励まされて『地球の軸回転の変化』を発表し、またこの論文に誘発されて『地球の老化』を制作し、地球についての著書、論文、報告を広く研究していた。カントが自然科学を学んだケーニヒスベルク大学のマルチン・クヌッツェン教授の蔵書は無制限に利用することを許されていた。これら資料を十分に使って、この『地震の原因』ついで『地震の報告』さらに『続、地震の考察』をつくった。『地震の原因』は、もともと『昨年末ヨーロッパの西部諸国を襲った災害に際し、地震動の原因について』という題名で、『ケーニヒスベルク懸案と公告週報』一七五六年四、五号すなわち一月十四日号と二一日号に二回にわけて掲載された。

地震の説明にあたり、カントは

「大地は中が空《から》であり、そしてそのアーチはほとんど一つのつながりで広い地域を通り海の底まで延びている」

と地球の内部構造を地上でみられる現象から推定している。そして地震動の説明にあたり、

「その現象をまねることは、自然科学者には容易な事である。……硫酸と普通の水を混合し、これを鉄のやすり屑の上に注ぐと、激しい泡立ちと自然に発火する蒸気が発生する。硫酸と鉄分が地球の内部に含まれていることを誰が疑い得るであろうか？　いま水がやってきてそれらの相互作用をひき起こすならば、それらは膨張しようとする蒸気を突き出し、大地を震動し、そして火を噴く山の口で炎となって突発するであろう」と最新の化学の情報を根拠に地震の原因の可能性を想像している。この化学の実験はフランスのレムリが行なったので、「自然に発火する蒸気」は、後、一七八九年フランスのラボアジエによって、イドロジェヌ・水素と名づけられ、この水素は、空気の中にある酸素と爆発して燃え水になり、そして水一〇〇部ができるには酸素が重さで八五部と水素が重さで十五部いることが確かめられた。エムペドクレスまたアリストテレスが紀元前約三三三年に書いた、水は元素という真理を、水は元素の酸素と水素からの化合物という真理に革《あらた》めたのである。また「硫酸」という言葉は、濃硫酸または液状である三酸化硫黄のことで、いま火山の噴火口から気体である亜硫酸ガス、硫化水素、炭酸ガス、水蒸気などとともに噴出しているのが確かめられている物質である。水を含む希硫酸と鉄から気体の水素と固体の硫酸鉄ができる。

これら三つの地震の論文を発表した後、一七六三年に印刷されたカントの著書『神の現存在の論証』には「自然の中には、地震、大暴風、高潮、彗星等のように、個々の人間または国または全人類をも破滅させる可能性をもつ多くの力がある。……そしてこのような崩壊が起こった場合、ひとは、しかしこの崩壊は災害ではあるが決して罰ではないというのであろう、なぜなら人間の道徳の振舞は決して地震の根拠とはなりえないからである、ここで原因と結果と全く関連がないから。……例えば地震がジャマイカ島の町ポート・ロワイアルを倒壊した時（訳者注、西インド諸島、一六九二年六月の地震、死者三〇〇〇）、これを自然の出来事と呼ぶひとは、たとえ、そこの住民の悪行が彼らの説教師の叫ぶように、この惨害を処罰として受けるに当然であるほどのものであったとしても、この崩壊は他の土地の多くの崩壊と同様、自然の普遍の法則に従って時折、起こるものと理解するであろう。地球の地方および時として町の下および時折、大変に悪徳な町の下が震動されるからである。これに反し地震を懲罰と思うべきであるならば、自然の力は、これが自然の法則に従って、人間の管理と連関をもつことができないから、奇異にも、最高の存在者を通して、人間の上に個々の崩壊を仕掛けるべきとされるであろう」と述べている。

この大異変に対する衝撃と強烈な印象のもとに、地震を自然現象として冷静に原因を探求しようとする自然科学者の義務をカントは実践している。

『地震の原因』はハルテンシュタインが編集した『カントの著作集』一八六七―八年の初めの部に収められている。『地震の原因』の原文として『プロイセン王立科学アカデミー版カント全集第一巻、一九一〇年』の文とそのラテン文字に置き換えたものを本書に印刷した。

カントは一七三二年から八年間、フランツ・アルバート・シュルツ校長と母方の伯父リヒターの経済的援助もあって、ケーニヒスベルクのフリードリッヒ学舎で、一般教養と大学進学の必須科目を学ぶことができた。第五学年からは首席でずっと通した。古典文献学者でもあった教師ハイデンライヒがルクレーティウスのラテン語の『事物の本質について』などを教科書に使った教育の影響は大きかった。地震の論文のような初期の著作の中にラテン語の文体がよくみられるといわれている。

『地震の報告』

リスボンの地震についてカントの二番目で最も分量の多いこの論文は、プロイセン、ケーニヒスベルクのヨハン・ハインリヒ・ハルトゥングの出版社から単独の出版物として印刷、発行された。ケーニヒスベルク大学、『哲学部紀要、五巻』二一八頁に「一七五六年二月二一日マギステル、イマヌエル・カント一七五五年の地震の最も著しい出来事の報告と自然誌」という、その検閲認可の覚え書がある。この論文は『ケーニヒスベルク懸案と公告週報』一七五六年三月十一日に発行されている。

カントは、「自然はいつでもおびただしい奇異なことを考察と驚嘆には無駄であるようには、まき散らしてはいなかった」として、リスボンの地震の前兆を、彼が自然地理学の対象と決めている海、陸、山、川、大気圏、人間、動物、植物、鉱物の中の異常現象に見出すべく、これに役立つはずの自然誌の公告、報文、著作を広く渉猟《しょうりょう》している。スイス、ロカルノの赤い雨、ドイツ、ウルムの深紅色の雨、イタリアの旋風。昔の報告に地震で強烈な稲妻が起きたこと、動物が恐怖したのを人が感じたことを見つけている。

この一七五五年十一月一日の地震を詳細な自然誌として次のように報告している。そのうち地震による「海水運動」、「高潮」すなわち日本でいう津波を取上げたひとの一人がカントであることは注目される。

「最も大きい最も危険な地震を多く従えている地下の発火の発生地について」
「地震によって震動される地底の方向について」
「地震の大気圏への影響について」
「あの恐ろしい日、万聖節、アウグスブルクにあった磁石がその役目を放り出し、そして磁石の針が混乱におとしいれられたのを黙って見すごすことはできない。」

「地震の利得について。地震の原因が、かつて一方では人間に損害を起こしたことは、他方では造作なく人間に利潤でもってあがない得る、将来、健康改善のため、多分かなりな数の人間に役立ちうることになろう温熱浴」

「もし神が世界の管理で念頭においている意図を、人間が推しはかろうとするならば、ひとは真っ暗の中にいることになる。しかしながら、もしわれわれが、この先見の道を神の目的に従ってとり進むべきとするように用いる次第によっては、決してわれわれは不確かの中にはいない。」

この論文は『I・カント論文集、年代順』ヒーニヒスベルクおよびライプチヒ（実際はイエナのフォイグトによる）一七九八年二巻一―五二頁、『I・カント全集、八つ折り判、完全決定版』ハレ（ティエフトルンクによって）一七九九年一巻五二一―五七四頁に印刷され、後に『アカデミー版カント全集第一巻、一九一〇年』にヨハネス・ラーツによって編集され収められた。

『続、地震の考察』

この論文は『マギスター、イマヌエル・カントの、少し時がたってから熟考した地震動の考察の続き』という表題で『ケーニヒスベルク懸案と公示週報』一七五六年十五号と十六号すなわち四月十日と十七日に、リスボンの地震についての『地震の原因』と『地震の報告』の続きとして発行された。

一七五五年十一月一日のリスボンの地震の恐怖が一応去った頃すなわち約一年後、自然地理学でいう自然環境にあらわれた変化の報告を調べて、カントはふたたび地震を考察している。特に、かつてある自然科学者は彗星、月、太陽、惑星が地震の原因であろうと唱えていたことを批判する。

「地下の空洞の火はまだ静まってはいない。地震動は先日もなお続いて、昔からこの災害を知らないでいた地域住民をこわがらせた。」

「大気圏の異常は地球圏半分の、四季を変化させた。」

「幾人かのひとが、地球は、ずれてしまい、そのままになって、太陽により近くなったと語っているのを耳にする。」

「月は地球の海を引っぱる。そしてそのため干潮と満潮といわれる大洋の増水と沈降をひき起こすこと、惑星の引力と月の引力が合成する時に、この合成された力は、十一月一日にみた地球の海を暴力の運動にしてしまったばかりでなく、また地下の蒸気によく作用して地震をつくり出す火口を刺激することが出来たと推測したならば、」

「私が一例をあげよう。リスター博士はアオウキクサという海の植物が異常に強い発散物を身にもっていること、この発散物が空気をいくらか動かすことができるから彼はこう結論した、全世界の東風は、これが太陽に従って動くことから起こるのだと。この意見のおかしなことは、中に作用対原因の関連が徹頭徹尾ないことである。」

「地震動、海水運動はもっぱら今言った物質（可燃性物質）の作用によるだろう。」

「（二月）十三日と十四日オランダ王国とその隣の土地に地震動が感じられた。その数日後、特に十六日から十八日にかけてドイツの、ポーランドの、イギリスの颶風の中に至るところで電光と雷雨が現われる状況だった。大気圏は一種の沸騰の原因すなわち地震に磁気の物質の協力があることを保証しているようにみえる。そこでは磁石が地震の間、糸でつるされていた垂直の方向から数度それていたのである。」

「ほんの最近、教授クリューゲル氏は地震の現象と電気による現象は同じ原因の上にあるという意見を興している。」

この『続、地震の考察』はカントの存命中にはふたたび出版されることはなく、『アカデミー版カント全集第一巻、一九一〇年』にラーツの編纂によって印刷、出版された。

『風の理論』

カントがケーニヒスベルク大学私講師として一七五六年夏学期に述べる予定の講義、自然地理学の予告のプログラムに書いたものである。風が起こる原因を考察した。「赤道から極地へ吹きまくる風は、長ければ長いほどより西向きになる」という、地球の自転と風の向きとの関係を示すカントの風の理論は知られずじまいになった。ドイツの天文学者ドーヴェは一八三五年『地球上の大気の乱れに及ぼす地球回転の影響について』に、風はその方向を自転のため太陽に向かって移動する理論を発表した。彼はカントの風の理論を知らないまま、その理論を発見したのだ。それは以後ドーヴェの理論として普及した。一八七二年ドイツの天文学者ツェルナーは『彗星の本性について』の中でカントの風の理論を解説、カントの業績をあげている。カントは「……航海の見聞によって大西洋でも日本の海でも人知れず十分保証されている」、「太陽は……支那と日本を同様なこれらに隣接する半島を……強く熱する」と述べて日本を認識していた。『風の理論』は一七五六年四月二三日ケーニヒスベルク大学学部長に提出され、四月二五日ケーニヒスベルクの勅許ドリエスティッシェン図書印刷所で印刷された。

訳 者 紹 介

田中 豊助（たなか とよすけ）

1921 年　埼玉県生れ
1945 年　東京工業大学応用化学科卒
1986 年　埼玉大学名誉教授
1995 年　勲三等旭日中綬章
「遊離基の化学」（岩波書店）
「ラボアジエ・化学のはじめ」など 古典化学シリーズ全 12 巻監訳（内田老鶴圃）
「グリモー・ラボアジエ 1743-1794」（内田老鶴圃） 他
工学博士

原田 紀子（はらだ のりこ）

1971 年　東京大学理学部卒
国立科学博物館勤務
「西岡常一と語る木の家は三百年」（農文協）
「ラボアジエ・物理と化学」（内田老鶴圃）
「カント・火について」（内田老鶴圃） 他

大原 睦子（おおはら むつこ）

1961 年　東京工業大学大学院理学研究科修了
「リービヒ・動物化学」（内田老鶴圃）
理学博士

原著　Von den Ursachen der Erderschütterungen et al.

2000 年 9 月 15 日　第 1 版発行

訳者の了解により検印を省略いたします

カント
地震の原因 他五編

原 著 者　I. Kant
訳　　者　田中 豊助　原田 紀子　大原 睦子
発 行 者　内田 悟
印 刷 者　山岡 景仁

発行所　株式会社　**内田老《ろう》鶴《かく》圃《ほ》**　〒112-0012 東京都文京区大塚 3 丁目34番 3 号
電話 (03) 3945-6781(代)・FAX (03) 3945-6782
印刷・製本/三美印刷

Published by UCHIDA ROKAKUHO PUBLISHING CO., LTD.
3-34-3 Otsuka, Bunkyo-ku, Tokyo 112-0012, Japan
U. R. No. 504-1

ISBN 4-7536-3117-6 C1022

『地震の原因』原文

Kant's gesammelte Schriften

Herausgegeben

von der

Königlich Preußischen Akademie der Wissenschaften

Band I

Erste Abtheilung: Werke

Erster Band

Berlin

Druck und Verlag von Georg Reimer

1910

Kant's Werke

Band I

Vorkritische Schriften I

1747—1756

Mit zwei Tafeln

Berlin
Druck und Verlag von Georg Reimer
1910

Von den

Ursachen der Erderschütterungen

bei Gelegenheit des Unglücks,

welches

die westliche Länder von Europa

gegen das Ende des vorigen Jahres

betroffen hat.

Große Begebenheiten, die das Schicksal aller Menschen betreffen, erregen mit Recht diejenige rühmliche Neubegierde, die bei allem, was außerordentlich ist, aufwacht und nach den Ursachen derselben zu fragen pflegt. In solchem Falle soll die Verbindlichkeit gegen das Publicum den Naturforscher vermögen, von den Einsichten Rechenschaft zu thun, die ihm Beobachtung und Untersuchung gewähren können. Ich begebe mich der Ehre dieser Pflicht in ihrem ganzen Umfange ein Gnüge zu leisten und überlasse sie demjenigen, wenn ein solcher aufstehen wird, der von sich rühmen kann, das Inwendige der Erde genau durchschaut zu haben. Meine Betrachtung wird nur ein Entwurf sein. Er wird, um mich frei zu erklären, fast alles enthalten, was man mit Wahrscheinlichkeit bis jetzt davon sagen kann, allein freilich nicht genug, um diejenige strenge Beurtheilung zufrieden zu stellen, die alles an dem Probirstein der mathematischen Gewißheit prüft. Wir wohnen ruhig auf einem Boden, dessen Grundfeste zuweilen erschüttert wird. Wir bauen unbekümmert auf Gewölbern, deren Pfeiler hin und wieder wanken und mit dem Einsturze drohen. Unbesorgt wegen des Schicksals, welches vielleicht von uns selber nicht fern ist, geben wir statt der Furcht dem Mitleiden Platz, wenn wir die Verheerung gewahr werden, die das Verderben, das sich unter unsern Füßen verbirgt, in der Nachbarschaft anrichtet. Es ist ohne Zweifel eine Wohlthat der Vorsehung von der Furcht solcher Schicksale unangefochten zu sein, zu deren Hintertreibung alle mögliche Bekümmerniß nicht das Geringste beitragen kann, und unser wirkliches Leiden nicht durch die Furcht vor demjenigen zu vergrößern, was wir als möglich erkennen.

Das erste, was sich unserer Aufmerksamkeit darbietet, ist, daß der

27*

Boden, über dem wir uns befinden, hohl ist und seine Wölbungen fast in einem Zusammenhange durch weitgestreckte Gegenden sogar unterm Boden des Meeres fortlaufen. Ich führe desfalls keine Beispiele aus der Geschichte an; meine Absicht ist nicht eine Historie der Erdbeben zu liefern. Das fürchterliche Getöse, das wie das Toben eines unterirdischen Sturmwindes, oder wie das Fahren der Lastwagen über Steinpflaster bei vielen Erdbeben gehört worden, die in weit ausgedehnte Länder zugleich fortgesetzte Wirkung derselben, davon Island und Lissabon, die durch ein Meer von mehr wie 4tehalb hundert deutschen Meilen abgesondert sind und an einem Tage in Bewegung gesetzt worden, ein unleugbares Zeugniß ablegen, alle diese Erscheinungen stimmen hierin überein den Zusammenhang dieser unterirdischen Wölbungen zu bestätigen.

Ich müßte bis in die Geschichte der Erde im Chaos zurück gehen, wenn ich etwas Begreifliches von der Ursache sagen sollte, die bei der Bildung der Erde den Ursprung dieser Höhlen veranlaßt hat. Solche Erklärungen haben nur gar zu viel Anschein von Erdichtungen, wenn man sie nicht in dem ganzen Umfange der Gründe, die ihre Glaubwürdigkeit enthalten, darstellen kann. Die Ursache mag aber sein, welche sie wolle, so ist es doch gewiß, daß die Richtung dieser Höhlen den Gebirgen und durch einen natürlichen Zusammenhang auch den großen Flüssen parallel ist; denn diese nehmen das unterste Theil eines langen Thals ein, das von beiden Seiten durch parallel laufende Gebirge beschränkt wird. Eben dieselbe Richtung ist es auch, wornach die Erderschütterungen sich vornehmlich ausbreiten. In den Erdbeben, welche sich durch den größten Theil von Italien erstreckt haben, hat man an den Leuchtern in den Kirchen eine Bewegung von Norden fast gerade nach Süden wahrgenommen; und dieses neuliche Erdbeben hatte die Richtung von Westen nach Osten, welches auch die Hauptrichtung der Gebirge ist, die den höchsten Theil von Europa durchlaufen.

Wenn in so schrecklichen Zufällen den Menschen erlaubt ist einige Vorsicht zu gebrauchen, wenn es nicht als eine verwegene und vergebliche Bemühung angesehen wird allgemeinen Drangsalen einige Anstalten entgegen zu setzen, die die Vernunft darbietet, sollte nicht der unglückliche Überrest von Lissabon Bedenken tragen sich an demselben Flusse seiner Länge nach wiederum anzubauen, welcher die Richtung bezeichnet, nach welcher die Erderschütterung in diesem Lande natürlicher Weise geschehen

muß. Gentil*) bezeugt, daß, wenn eine Stadt ihrer größten Länge nach durch ein Erdbeben, welches dieselbe Richtung hat, erschüttert wird, alle Häuser umgeworfen werden, anstatt daß, wenn die Richtung in die Breite geschieht, nur wenig umfallen. Die Ursache ist klar. Das Wanken des Bodens bringt die Gebäude aus der senkrechten Stellung. Wenn nun eine Reihe von Gebäuden von Osten nach Westen so in Schwankung gesetzt wird, so hat nicht allein ein jegliches seine eigene Last zu erhalten, sondern die westlichen drücken zugleich auf die östlichen und werfen sie dadurch unfehlbar über den Haufen, anstatt daß, wenn sie in der Breite, wo ein jegliches nur sein eigen Gleichgewicht zu erhalten hat, bewegt werden, bei gleichen Umständen weniger Schaden geschehen muß. Das Unglück von Lissabon scheint also durch seine Lage vergrößert zu sein, die es der Länge nach an dem Ufer des Tagus gehabt hat; und nach diesen Gründen müßte eine jede Stadt in einem Lande, wo die Erdbeben mehrmals empfunden werden, und wo man die Richtung derselben aus der Erfahrung abnehmen kann, nicht nach einer Richtung, die mit dieser gleichlaufend ist, angelegt werden. Allein in dergleichen Fällen ist der größte Theil der Menschen ganz anderer Meinung. Weil ihnen die Furcht das Nachdenken raubt, so glauben sie in so allgemeinen Unglücksfällen eine ganz andere Art von Übel wahrzunehmen, als diejenigen sind, gegen die man berechtigt ist Vorsicht zu gebrauchen, und bilden sich ein, die Härte des Schicksals durch eine blinde Unterwerfung zu mildern, womit sie sich selbigem auf Gnade und Ungnade überlassen.

Der Hauptstrich der Erdbeben geht in der Richtung der höchsten Gebirge fort, und es werden also diejenige Länder hauptsächlich erschüttert, die diesen nahe liegen, vornehmlich wenn sie zwischen zwei Reihen Berge eingeschlossen sind, als in welchem Falle die Erschütterungen von beiden Seiten sich vereinbaren. In einem platten Lande, welches nicht in einem Zusammenhange mit Gebirgen steht, sind sie seltener und schwach. Darum sind Peru und Chili diejenige Länder, die fast unter allen in der Welt den häufigsten Erschütterungen unterworfen sind. Man beobachtet daselbst die Vorsicht die Häuser aus 2 Stockwerken zu erbauen, wovon nur das unterste gemauert, das oberste aber von Rohr und leichtem Holze gemacht ist, um

*) Gentils Reise um die Welt, nach Buffons Anführung. Eben derselbe bestätigt auch, daß die Richtung der Erdbeben fast jederzeit der Richtung großer Flüsse parallel laufe.

nicht darunter erschlagen zu werden. Italien, ja selbst die zum theil in der Eiszone befindliche Insel Island und andere hohe Gegenden von Europa beweisen diese Übereinstimmung. Das Erdbeben, welches sich in dem Monat December des verflossenen Jahres von Abend gegen Morgen durch Frankreich, Schweiz, Schwaben, Tyrol und Bayern ausbreitete, hielt vornehmlich den Strich der höchsten Gegenden dieses Welttheils. Man weiß aber auch, daß alle Hauptgebirge kreuzweise Nebenäste ausschießen. In diese breitet sich die unterirdische Entzündung auch nach und nach aus, und es ist diesem zu Folge, nachdem es bei den hohen Gegenden der Schweizerberge angelangt, auch die Höhlen durchgelaufen, die dem Rheinstrome parallel bis in Niederdeutschland fortlaufen. Was mag die Ursache dieses Gesetzes sein, womit die Natur die Erdbeben vornehmlich an die hohen Gegenden verknüpft? Wenn es ausgemacht ist, daß eine unterirdische Entzündung diese Erschütterungen verursacht, so kann man leicht erachten, daß, weil die Höhlen in gebirgichten Gegenden weitläuftiger sind, die Ausdämpfung brennbarer Dünste daselbst freier, auch die Gemeinschaft mit der in den unterirdischen Gegenden verschlossenen Luft, die allemal zu Entzündungen unentbehrlich ist, ungehinderter sein wird. Über dieses lehrt die Kenntniß der innern Naturbeschaffenheit des Erdbodens, so weit es Menschen erlaubt ist sie zu entdecken, daß die Schichten in gebirgichten Gegenden bei weitem nicht so hoch aufliegen als in flachen Ländern, und der Widerstand der Erschütterung dort also geringer als hier sei. Wenn man also frägt, ob auch unser Vaterland Ursache habe diese Unglücksfälle zu befürchten, so würde ich, wenn ich den Beruf hätte die Besserung der Sitten zu predigen, die Furcht davor um der allgemeinen Möglichkeit willen, die man freilich hiebei nicht in Abrede sein kann, in ihrem Werthe lassen; nun aber unter den Bewegungsgründen der Gottseligkeit diejenige, die von den Erdbeben hergenommen worden, ohne Zweifel die schwächsten sind, und meine Absicht nur ist physische Gründe zur Vermuthung anzuführen, so wird man leicht aus dem Angeführten abnehmen können, daß, da Preußen nicht allein ein Land ohne Gebirge ist, sondern auch als eine Fortsetzung eines fast durch und durch flachen Landes angesehen werden muß, man eine größere Veranlassung habe sich von den Anstalten der Vorsehung der entgegen gesetzten Hoffnung zu getrösten.

Es ist Zeit etwas von der Ursache der Erderschütterungen anzuführen. Es ist einem Naturforscher etwas Leichtes ihre Erscheinungen nachzuahmen. Man nimmt 25 Pfund Eisenfeilig, eben so viel Schwefel und vermengt es

mit gemeinem Wasser, vergräbt diesen Teig einen oder anderthalb Fuß tief in die Erde und stößt dieselbe darüber fest zusammen. Nach Ablauf einiger Stunden sieht man einen dicken Dampf aufsteigen, die Erde wird erschüttert, und es brechen Flammen aus dem Grunde hervor. Man kann nicht zweifeln, daß die beiden erstere Materien in dem Innern der Erde häufig angetroffen werden, und das Wasser, das sich durch Spalten und Felsenritzen durchseigert, kann sie in Gährung bringen. Noch ein anderer Versuch liefert brennbare Dämpfe aus der Vermischung kalter Materien, die sich von selber entzünden. Zwei Quentchen Vitriolöl, mit 8 Quentchen gemeines Wasser vermischt, wenn man sie auf 2 Quentchen Eisenfeil gießt, bringen ein heftiges Aufbrausen und Dämpfe hervor, die sich von selber entzünden. Wer kann zweifeln, daß die vitriolische Säure und Eisentheile in genugsamer Menge in dem Innern der Erde enthalten sind? Wenn das Wasser nun hierzukommt und ihre gegenseitige Wirkung veranlaßt, so werden sie Dämpfe ausstoßen, die sich auszubreiten trachten, den Boden erschüttern und bei den Öffnungen feuerspeiender Berge in Flammen ausbrechen.

Man hat vorlängst wahrgenommen, daß ein Land von seinen heftigen Erschütterungen befreiet worden, wenn in seiner Nachbarschaft ein feuerspeiender Berg ausgebrochen, durch welchen die verschlossene Dämpfe einen Ausgang gewinnen können, und man weiß, daß um Neapolis die Erdbeben weit häufiger und fürchterlicher sind, wenn der Vesuv eine lange Zeit ruhig gewesen. Auf diese Weise dient uns öftermals das, was uns in Schrecken setzt, zur Wohlthat, und ein feuerspeiender Berg, der sich in den Gebirgen von Portugal eröffnen würde, könnte ein Vorbote werden, daß das Unglück nach und nach sich entfernte.

Die heftige Wasserbewegung, die an dem unglücklichen Tage Aller Heiligen an so vielen Meeresküsten verspürt worden, ist in dieser Begebenheit der seltsamste Gegenstand der Bewunderung und Nachforschung. Daß die Erdbeben sich bis unter dem Meergrunde erstrecken und die Schiffe in so heftige Rüttelung versetzen, als wenn sie auf einem harten erschütterten Boden befestigt wären, ist eine gemeine Erfahrung. Allein so war in den Gegenden, da das Wasser in Aufwallung gerieth, keine Spur von einigem Erdbeben, zum wenigsten war es in einer mittelmäßigen Entfernung von den Küsten gar nicht zu spüren. Gleichwohl ist diese Wasserbewegung nicht ganz ohne Beispiel. Im Jahre 1692 ward bei einem fast allgemeinen Erdbeben auch dergleichen etwas an den Küsten von Holland,

England und Deutschland wahrgenommen. Ich vernehme, daß viele geneigt sind und zwar nicht ohne Grund dieses Aufwallen der Gewässer aus einer fortgesetzten Rüttelung, die das Meer an den portugiesischen Küsten durch den unmittelbaren Stoß des Erdbebens bekommen hat, herzuleiten. Diese Erklärung scheint anfänglich Schwierigkeiten ausgesetzt zu sein. Ich begreife wohl, daß in einem flüssigen Wesen ein jeglicher Druck durch die ganze Masse empfindbar werden muß, aber wie haben die Drückungen der Gewässer des portugiesischen Meeres, nachdem sie einige hundert Meilen sich ausgebreitet haben, das Wasser bei Glückstadt und Husum noch einige Fuß hoch in Bewegung setzen können? Scheint es nicht, daß dort himmelhohe Wasserberge hätten entstehen müssen, um hier kaum merkliche Wellen zu erregen? Ich antworte hierauf: es giebt zweierlei Art, wie ein flüssiges Wesen durch eine Ursache, die an einem Orte wirkt, in seiner ganzen Masse kann in Bewegung gesetzt werden, entweder durch die schwankende Bewegung des Auf- und Niedersteigens, d. i. auf eine wellenförmige Art, oder durch einen plötzlichen Druck, der die Wassermasse in ihrem Innern erschüttert und als einen festen Körper forttreibt, ohne ihr Zeit zu lassen durch eine schwankende Aufwallung dem Drucke auszuweichen und ihre Bewegung allmählich auszubreiten. Die erstere ist ohne Zweifel nicht vermögend zu der Erklärung der angeführten Begebenheit zuzureichen. Was aber die letztere betrifft, wenn man erwägt, daß das Wasser einem plötzlichen heftigen Drucke wie ein fester Körper widersteht und diese Drückung zur Seite mit eben der Heftigkeit, die dem anliegenden Wasser nicht Zeit läßt sich über den wagrechten Stand zu erheben, ausbreitet, wenn man z. E. den Versuch des Herrn Carré in dem 2ten Theil der physischen Abhandlungen der Acad. der Wissensch. pag. 549 betrachtet, der in einem Kasten, der aus zweizölligen Brettern zusammengesetzt und mit Wasser gefüllt war, eine Flintenkugel abschoß, die durch ihren Schlag das Wasser so preßte, daß der Kasten ganz zersprengt wurde, so wird man sich einigen Begriff von dieser Art das Wasser zu bewegen machen können. Man stelle sich z. E. vor, daß die ganze westliche Küste von Portugal und Spanien vom Capo St. Vincent bis an das Capo Finis terrae ungefähr 100 deutsche Meilen weit erschüttert worden, und daß diese Erschütterung sich eben so weit in die See abendwärts erstreckt habe; so wurden 10 000 deutsche Quadratmeilen des Meergrundes mit einer plötzlichen Bebung erhoben, deren Geschwindigkeit wir nicht zu hoch schätzen, wenn wir sie der Bewegung einer Pulvermine gleich setzen, die die aufliegenden Körper

15 Fuß hoch wirft, mithin im Stande ist, (laut den Gründen der Mechanik) 30 Fuß in einer Secunde zurück zu legen. Dieser plötzlichen Rüttelung widerstand das aufliegende Wasser so, daß es nicht, wie bei langsamen Bewegungen geschieht, nachgab und in Wellen aufschwoll, sondern es empfing seinen ganzen Druck und trieb das umliegende Wasser eben so heftig zur Seite fort, welches bei so schnellem Eindrucke als ein fester Körper anzusehen ist, davon das entfernte Ende mit eben derselben Geschwindigkeit fortrückt, als das angestoßene fortgetrieben wird. Also ist in jedem Balken der flüssigen Materie (wenn ich mich dieses Ausdrucks bedienen darf), ob er gleich 200 oder 300 Meilen lang ist, keine verminderte Bewegung, wenn er als in einem Canal eingeschlossen gedacht würde, der an dem entfernten Ende eine eben so weite Eröffnung als beim Anfange hat. Allein wenn jene weiter ist, so wird die Bewegung durch dieselbe umgekehrt gerade um so viel sich vermindern. Nun muß man aber die Fortsetzung der Wasserbewegung rund um sich als in einem Cirkel ausgebreitet gedenken, dessen Erweiterung mit der Entfernung vom Mittelpunkte zunimmt, an dessen Grenze also das Fortfließen des Wassers in eben demselben Maße verringert wird; mithin wird es an den holsteinischen Küsten, welche 300 deutsche Meilen von dem angenommenen Mittelpunkte der Erschütterung entlegen sind, 6 mal gringer als an den portugiesischen befunden werden, welche der Voraussetzung nach einen Abstand von ungefähr 50 Meilen von eben dem Punkte haben. Die Bewegung an den holsteinischen und dänischen Küsten wird also noch groß genug sein, um 5 Fuß in einer Secunde durchzulaufen, welches der Gewalt eines sehr schnellen Stromes gleich kommt. Man könnte hiewider den Einwurf machen, daß die Fortsetzung des Druckes in die Gewässer der Nordsee nur durch den Canal bei Calais geschehen könne, dessen Erschütterung, indem sie in ein weites Meer ausgebreitet wird, sich ungemein entkräften müsse. Allein wenn man erwägt, daß der Druck des Wassers zwischen den französischen und englischen Küsten, ehe es in den Canal gelangt, durch die Pressung zwischen diesen Ländern eben so viel sich vermehren müsse, als er durch die Ausbreitung hernach vermindert wird, so wird dadurch den Wirkungen der Erschütterung an gedachten holsteinischen Küsten nichts Beträchtliches entzogen werden können.

Bei dieser Pressung der Wasser ist das Allersonderbarste, daß sie sogar in Landseen, die gar keinen sichtbaren Zusammenhang mit dem Meere haben, bei Templin und in Norwegen, gespürt worden. Dieses scheint bei-

nahe der stärkste unter allen Beweisen zu sein, die man jemals vorgebracht hat, die unterirdische Gemeinschaft der mittelländischen Gewässer mit dem Meere zu beweisen. Man müßte sich, um sich aus der Schwierigkeit, die dagegen aus dem Gleichgewichte gemacht werden kann, heraus zu wickeln, vorstellen, das Wasser eines Sees flösse wirklich durch die Canäle, dadurch es mit dem Meer zusammen hängt, beständig abwärts, weil dieselbe aber enge sind, und das, was sie dadurch verlieren, hinlänglich durch die Bäche und Ströme, die hereinfließen, ersetzt wird, so könne dieser Abfluß um deswillen nicht merklich werden.

Wiewohl in einer so seltsamen Begebenheit man nicht leicht ein übereiltes Urtheil fällen soll. Denn es ist nicht unmöglich, daß die Erregung der inländischen Seen auch aus andern Gründen könne hergekommen sein. Die unterirdische Luft, durch den Ausbruch dieses wüthenden Feuers in Bewegung gesetzt, könnte wohl durch die Spalten der Erdlagen sich hindurch dringen, die ihr außer dieser gewaltsamen Ausspannung allen Durchgang verschließen. Die Natur entdeckt sich nur nach und nach. Man soll nicht durch Ungeduld das, was sie vor uns verbirgt, ihr durch Erdichtung abzurathen suchen, sondern abwarten, bis sie ihre Geheimnisse in deutlichen Wirkungen ungezweifelt offenbart.

Die Ursache der Erdbeben scheint bis in den Luftkreis ihre Wirkung auszubreiten. Einige Stunden vorher, ehe die Erde erschüttert wird, hat man öfters einen rothen Himmel und andere Merkmale einer veränderten Luftbeschaffenheit wahrgenommen. Die Thiere sind kurz zuvor ganz von Schrecken eingenommen. Die Vögel flüchten in die Häuser; Ratzen und Mäuse kriechen aus ihren Löchern. In diesem Augenblicke bricht unfehlbar der erhitzte Dunst, welcher auf dem Punkte ist sich zu entzünden, durch das obere Gewölbe der Erde. Ich getraue mir nicht auszumachen, was für Wirkungen man von ihm zu gewarten habe. Zum wenigsten sind sie für den Naturforscher nicht angenehm, denn was kann er sich für Hoffnung machen, hinter die Gesetze zu kommen, nach welchen die Veränderungen des Luftkreises einander abwechseln, wenn sich eine unterirdische Atmosphäre mit in ihre Wirkungen mengt, und kann man wohl zweifeln, daß dieses nicht öfters geschehen müsse, da sonst kaum begreiflich wäre, wie in dem Wechsel der Witterungen, da die Ursachen derselben theils beständig theils periodisch sind, gar keine Wiederkehr angetroffen wird?

Anmerkung. Der Tag des Erdbebens in Island ist im vorigen Stücke statt des 1sten Nov. auf den 11. Septembr. nach der Relation des 199. Stücks Hamb. Corresp. zu verbessern.

Gegenwärtige Betrachtungen sind als eine kleine Vorübung über die denkwürdige Naturbegebenheit, die in unsern Tagen geschehen ist, anzusehen. Die Wichtigkeit und mannigfaltige Besonderheiten desselben bewegen mich, eine ausführliche Geschichte dieses Erdbebens, die Ausbreitung desselben über die Länder von Europa, die dabei vorkommende Merkwürdigkeiten und die Betrachtungen, wozu sie veranlassen können, in einer ausführlichen Abhandlung dem Publico mitzutheilen, die in einigen Tagen in der Königl. Hof- und Akad. Buchdruckerei zum Vorschein kommen wird.

Von den Ursachen der Erderschütterungen bei Gelegenheit des Unglücks,

welches die westliche Länder von Europa gegen das Ende des vorigen Jahres betroffen hat.

Herausgeber: Johannes Rahts.

Einleitung.

Diese Schrift, die erste von drei das Erdbeben von Lissabon betreffenden Abhandlungen, erschien in den „Königsbergischen wöchentlichen Frag- und Anzeigungs-Nachrichten“ vom Jahre 1756, und zwar in No. 4 und 5, d. i. am 24. und 31. Januar. Sie fehlt in den älteren Verzeichnissen und Sammlungen der Kantischen Schriften, obgleich Kant in der zweiten Abhandlung: Geschichte und Naturbeschreibung der merkwürdigsten Vorfälle des Erdbebens, zweimal auf diese Schrift hinweist, einmal sogar mit ausdrücklicher Angabe der Frag- und Anzeigungsnachrichten (vgl. 439 6 und 451 31). Hartenstein hat als Erster diese Abhandlung in seine Ausgabe von 1867/8 aufgenommen.

Sachliche Erläuterungen.

421 34 Gentils Reise um die Welt] Labarbinais-Le-Gentil, Französischer Weltreisender des 18. Jahrhunderts, geboren in der Bretagne (das Jahr ist unbekannt, auch das Sterbejahr ist nicht überliefert), beschrieb seine Reisen in dem Werke „Nouveau voyage autour du monde etc. avec une description de la Chine“. Paris 1728. Vgl. Bd. I p. 172ff. und Buffon „Histoire naturelle“ Bd. I p. 521/2, wo die betreffende Stelle abgedruckt ist.

420 8 davon — worden] Diese Bemerkung wird von Kant später corrigirt; vgl. 427 1 sowie die Erläuterung hierzu.

422 37 ff. Man nimmt] Dieses ist der Lémery'sche Versuch, der 471 3 wieder von Kant erwähnt wird. Er findet sich beschrieben in der Abhandlung „Physische und chemische Erklärung der unterirdischen Feuer; der Erdbeben, Stürme, des Blitzes u. Donners von Lémery". Vgl. Der königl. Academie der Wissenschaften in Paris Physische Abhandlungen. Aus dem Französischen übersetzt von Wolf Balthasar Adolf von Steinwehr. 1. Theil. S. 427 ff. Auch der zweite Versuch 423 9—17 rührt von Lémery her und findet sich in derselben Abhändlung. Nicolas Lémery lebte von 1645—1715.

424 25 *Carré*] Louis Carré, französischer Academiker, ist geboren am 26. Juli 1663 und gestorben zu Paris am 11. April 1711. Die von Kant erwähnte Abhandlung hat den Titel „Expériences physiques sur la réfraction des bâlles de mousquet dans l'eau" und findet sich in den Mémoires de l'Académie royale des Sciences de Paris. Année 1705 page 11 ff. In Steinwehrs Übersetzung ist der Name des Verfassers Carree statt Carré geschrieben, ebenso auch von Kant in der Originalschrift.

427 1.2 im vorigen Stücke] erklärt sich dadurch, dass diese Schrift, wie in der Einleitung erwähnt, in 2 Nummern der „Königsbergischen Frag- und Anzeigungs-Nachrichten" erschienen, und dass die Stelle (vgl. 420 8), auf welche sich Kant hier bezieht, in der ersten Nummer enthalten war. Die von Kant herangezogene Zeitung hat den Titel: „Staats und gelehrte Zeitungen des Hamburger unpartheyischen Correspondenten."

Lesarten.

420 27 nach] und || 420 34 seiner] ihrer || 423 22 der fehlt || 425 10 200] 2 || 425 18 den fehlt || 426 30 die Gesetze] das Gesetze Plural, weil sich darauf welchen und ihre Wirkungen beziehen.

Johannes Rahts.

Der Bericht des germanistischen Mitarbeiters zu dieser Schrift wird auf S. 576 f. gegeben.

Von den Ursachen der Erderschütterungen bei Gelegenheit des Unglücks, welches die westliche Länder von Europa gegen das Ende des vorigen Jahres betroffen hat

Von den Ursachen der Erderschütterungen (1756)

Große Begebenheiten, die das Schicksal aller 1,419
Menschen betreffen, erregen mit Recht diejenige rühmliche Neubegierde, die bei allem, was außerordentlich ist, aufwacht und nach den Ursachen derselben zu fragen pflegt. In solchem Falle soll die Verbindlichkeit gegen das Publicum den Naturforscher vermögen, von den Einsichten Rechenschaft zu thun, die ihm Beobachtung und Untersuchung gewähren können. Ich begebe mich der Ehre, dieser Pflicht in ihrem ganzen Umfange ein Gnüge zu leisten und überlasse sie demjenigen, wenn ein solcher aufstehen wird, der von sich rühmen kann, das Inwendige der Erde genau durchschaut zu haben. Meine Betrachtung wird nur ein Entwurf sein. Er wird, um mich frei zu erklären, fast alles enthalten, was man mit Wahrscheinlichkeit bis jetzo davon sagen kann, allein freilich nicht genug, um diejenige strenge Beurtheilung zufrieden zu stellen, die alles an dem Probirstein der mathematischen Gewißheit prüfet. Wir wohnen ruhig auf einem Boden, dessen Grundfeste zuweilen erschüttert wird. Wir bauen unbekümmert auf Gewölbern, deren Pfeiler hin und wieder wanken und mit dem Einsturze drohen. Unbesorgt wegen des Schicksals, welches vielleicht von uns selber nicht fern ist, geben wir statt der Furcht dem Mitleiden Platz, wenn wir die Verheerung gewahr werden, die das Verderben, das sich unter unsern Füßen verbirgt, in der Nachbarschaft anrichtet. Es ist ohne Zweifel eine Wohlthat der Vorsehung von der Furcht solcher Schicksale unangefochten zu sein, zu deren Hintertreibung alle mögliche Bekümmerniß nicht das Geringste beitragen kann, und unser wirkliches Leiden nicht durch die Furcht vor dasjenige zu vergrößern, was wir als möglich erkennen.

Das erste, was sich unserer Aufmerksamkeit darbietet, ist, daß der Boden, über dem wir uns befinden, hohl ist und seine Wölbungen fast in einem Zusammenhange durch weitgestreckte Gegenden sogar unterm Boden des Meeres fortlaufen. Ich führe desfalls keine Beispiele aus der Geschichte an; meine Absicht ist nicht eine Historie der Erdbeben zu liefern. Das fürchterliche Getöse, das wie das Toben eines unterirdischen Sturmwindes, oder wie das Fahren der Lastwagen über Steinpflaster bei vielen Erdbeben gehöret worden, die in weit ausgedehnte Länder zugleich fortgesetzte Wirkung derselben, davon Island und Lissabon, die durch ein Meer von mehr wie 4tehalb hundert deutsche Meilen abgesondert sind und an einem Tage in Bewegung gesetzet worden, ein unleugbares Zeugniß ablegen, alle diese Erscheinungen stimmen hierin überein, den Zusammenhang dieser unterirdischen Wölbungen zu bestätigen.

Ich müßte bis in die Geschichte der Erde im Chaos zurücke gehen, wenn ich etwas Begreifliches von der Ursache sagen sollte, die bei der Bildung der Erde den Ursprung dieser Höhlen veranlaßt hat. Solche Erklärungen haben nur gar zu viel Anschein von Erdichtungen, wenn man sie nicht in dem ganzen Umfange der Gründe, die ihre Glaubwürdigkeit enthalten, darstellen kann. Die Ursache mag aber sein, welche sie wolle, so ist es doch gewiß, daß die Richtung dieser Höhlen den Gebirgen und durch einen natürlichen Zusammenhang auch den großen Flüssen parallel ist; denn diese nehmen das unterste Theil eines langen Thals ein, das von beiden Seiten durch parallel laufende Gebirge beschränket wird. Eben dieselbe Richtung ist es auch, wornach die Erderschütterungen sich vornehmlich ausbreiten. In den Erdbeben, welche sich durch den größten Theil von Italien erstreckt haben, hat man an den Leuchtern in den Kirchen eine Bewegung von Norden fast gerade nach Süden wahrgenommen; und dieses neuliche Erdbeben hatte die Richtung von Westen nach Osten, welches auch die Hauptrichtung der Gebirge ist, die den höchsten Theil von Europa durchlaufen.

Wenn in so schrecklichen Zufällen den Menschen

erlaubt ist, einige Vorsicht zu gebrauchen, wenn es nicht als eine verwegene und vergebliche Bemühung angesehen wird, allgemeinen Drangsalen einige Anstalten entgegen zu setzen, die die Vernunft darbietet, sollte nicht der unglückliche Überrest von Lissabon Bedenken tragen, sich an demselben Flusse seiner Länge nach wiederum anzubauen, welcher die Richtung bezeichnet, nach welcher die Erderschütterung in diesem Lande natürlicher Weise geschehen 421 muß? Gentil*) bezeuget, daß, wenn eine Stadt ihrer * größten Länge nach durch ein Erdbeben, welches dieselbe Richtung hat, erschüttert wird, alle Häuser umgeworfen werden, anstatt daß, wenn die Richtung in die Breite geschieht, nur wenig umfallen. Die Ursache ist klar. Das Wanken des Bodens bringt die Gebäude aus der senkrechten Stellung. Wenn nun eine Reihe von Gebäuden von Osten nach Westen so in Schwankung gesetzt wird, so hat nicht allein ein jegliches seine eigene Last zu erhalten, sondern die westlichen drücken zugleich auf die östlichen und werfen sie dadurch ohnfehlbar über den Haufen, anstatt daß, wenn sie in der Breite, wo ein jegliches nur sein eigen Gleichgewicht zu erhalten hat, beweget werden, bei gleichen Umständen weniger Schaden geschehen muß. Das Unglück von Lissabon scheinet also durch seine Lage vergrößert zu sein, die es der Länge nach an dem Ufer des Tagus gehabt hat; und nach diesen Gründen müßte eine jede Stadt in einem Lande, wo die Erdbeben mehrmalen empfunden werden, und wo man die Richtung derselben aus der Erfahrung abnehmen kann, nicht nach einer Richtung, die mit dieser gleichlaufend ist, angelegt werden. Allein in dergleichen Fällen ist der größte Theil der Menschen ganz anderer Meinung. Weil ihnen die Furcht das Nachdenken raubt, so glauben sie in so allgemeinen Unglücksfällen eine ganz andere Art von Übel wahrzunehmen, als diejenigen sind, gegen die man berechtigt ist, Vorsicht zu gebrauchen, und bilden sich

*) Gentils Reise um die Welt, nach Buffons Anführung. * Eben derselbe bestätiget auch, daß die Richtung der Erdbeben fast jederzeit der Richtung großer Flüsse parallel laufe.

ein, die Härte des Schicksals durch eine blinde Unterwerfung zu mildern, womit sie sich selbigem auf Gnade und Ungnade überlassen.

Der Hauptstrich der Erdbeben geht in der Richtung der höchsten Gebirge fort, und es werden also diejenige Länder hauptsächlich erschüttert, die diesen nahe liegen, vornehmlich wenn sie zwischen zweien Reihen Berge eingeschlossen sind, als in welchem Falle die Erschütterungen von beiden Seiten sich vereinbaren. In einem platten Lande, welches nicht in einem Zusammenhange mit Gebirgen stehet, sind sie seltener und schwach. Darum sind Peru und Chili diejenige Länder, die fast unter allen in der Welt den häufigsten Erschütterungen unterworfen sind. Man beobachtet daselbst die Vorsicht, die Häuser aus 2 Stockwerken zu erbauen, wovon nur das unterste gemauert, das oberste aber von Rohr und leichtem
422 Holze gemacht ist, um nicht darunter erschlagen zu werden. Italien, ja selbst die zum theil in der Eiszone befindliche Insel Island und andere hohe Gegenden von Europa beweisen diese Übereinstimmung. Das Erdbeben, welches sich in dem Monat December des verflossenen Jahres von Abend gegen Morgen durch Frankreich, Schweiz, Schwaben, Tyrol und Bayern ausbreitete, hielte vornehmlich den Strich der höchsten Gegenden dieses Welttheils. Man weiß aber auch, daß alle Hauptgebirge kreuzweise Nebenäste ausschießen. In diese breitet sich die unterirdische Entzündung auch nach und nach aus, und es ist diesem zu Folge, nachdem es bei den hohen Gegenden der Schweizerberge angelanget, auch die Höhlen durchgelaufen, die dem Rheinstrome parallel bis in Niederdeutschland fortlaufen. Was mag die Ursache dieses Gesetzes sein, womit die Natur die Erdbeben vornehmlich an die hohen Gegenden verknüpfet? Wenn es ausgemacht ist, daß eine unterirdische Entzündung diese Erschütterungen verursacht, so kann man leicht erachten, daß, weil die Höhlen in gebirgigten Gegenden weitläuftiger sein, die Ausdämpfung brennbarer Dünste daselbst freier, auch die Gemeinschaft mit der in den unterirdischen Gegenden verschlossenen Luft, die allemal zu Entzündungen unentbehrlich ist, ungehinderter

sein wird. Über dieses lehret die Kenntniß der inneren Naturbeschaffenheit des Erdbodens, so weit es Menschen erlaubt ist, sie zu entdecken, daß die Schichten in gebirgigten Gegenden bei weitem nicht so hoch aufliegen als in flachen Ländern, und der Widerstand der Erschütterung dorten also geringer als hier sei. Wenn man also frägt, ob auch unser Vaterland Ursache habe, diese Unglücksfälle zu befürchten, so würde ich, wenn ich den Beruf hätte, die Besserung der Sitten zu predigen, die Furcht davor um der allgemeinen Möglichkeit willen, die man freilich hiebei nicht in Abrede sein kann, in ihrem Werthe lassen; nun aber unter den Bewegungsgründen der Gottseligkeit diejenige, die von den Erdbeben hergenommen worden, ohne Zweifel die schwächsten sind, und meine Absicht nur ist, physische Gründe zur Vermuthung anzuführen, so wird man leicht aus dem Angeführten abnehmen können, daß, da Preußen nicht allein ein Land ohne Gebirge ist, sondern auch als eine Fortsetzung eines fast durch und durch flachen Landes angesehen werden muß, man eine größere Veranlassung habe, sich von den Anstalten der Vorsehung der entgegen gesetzten Hoffnung zu getrösten.

Es ist Zeit, etwas von der Ursache der Erderschütterungen anzuführen. Es ist einem Naturforscher etwas Leichtes, ihre Erscheinungen nachzuahmen. Man nimmt 25 Pfund Eisenfeilig, eben so viel *
Schwefel und vermengt es mit gemeinem Wasser, ver- 423
gräbt diesen Teig einen oder anderthalb Fuß tief in die Erde und stößt dieselbe darüber fest zusammen. Nach Ablauf einiger Stunden sieht man einen dicken Dampf aufsteigen, die Erde wird erschüttert, und es brechen Flammen aus dem Grunde hervor. Man kann nicht zweifeln, daß die beiden erstere Materien in dem Innern der Erde häufig angetroffen werden, und das Wasser, das sich durch Spalten und Felsenritzen durchseigert, kann sie in Gährung bringen. Noch *
ein anderer Versuch liefert brennbare Dämpfe aus der Vermischung kalter Materien, die sich von selber entzünden. Zwei Quentchen Vitriolöl, mit 8 Quentchen gemeines Wassers vermischt, wenn man sie auf 2 Quentchen Eisenfeil gießt, bringen ein heftiges Auf-

brausen und Dämpfe hervor, die sich von selber entzünden. Wer kann zweifeln, daß die vitriolische Säure und Eisentheile in genugsamer Menge in dem Inneren der Erde enthalten sind? Wenn das Wasser nun hierzukommt und ihre gegenseitige Wirkung veranlaßt, so werden sie Dämpfe ausstoßen, die sich auszubreiten trachten, den Boden erschüttern und bei den Öffnungen feuerspeiender Berge in Flammen ausbrechen.

Man hat vorlängst wahrgenommen, daß ein Land von seinen heftigen Erschütterungen befreiet worden, wenn in seiner Nachbarschaft ein feuerspeiender Berg ausgebrochen, durch welchen die verschlossene Dämpfe einen Ausgang gewinnen können, und man weiß, daß um Neapolis die Erdbeben weit häufiger und fürchterlicher sind, wenn Vesuv eine lange Zeit ruhig gewesen. Auf diese Weise dienet uns öftermals das, was uns in Schrecken setzt, zur Wohlthat, und ein feuerspeiender Berg, der sich in den Gebirgen von Portugal eröffnen würde, könnte ein Vorbote werden, daß das Unglück nach und nach sich entfernete.

Die heftige Wasserbewegung, die an dem unglücklichen Tage Aller Heiligen an so vielen Meeresküsten verspüret worden, ist in dieser Begebenheit der seltsamste Gegenstand der Bewunderung und Nachforschung. Daß die Erdbeben sich bis unter dem Meergrunde erstrecken und die Schiffe in so heftige Rüttelung versetzen, als wenn sie auf einem harten erschütterten Boden befestigt wären, ist eine gemeine Erfahrung. Allein so war in den Gegenden, da das Wasser in Aufwallung gerieth, keine Spur von einigem Erdbeben, zum wenigsten war es in einer mittelmäßigen Entfernung von den Küsten gar nicht zu spüren. Gleichwohl ist diese Wasserbewegung nicht ganz ohne Beispiel. Im Jahre 1692 ward bei einem fast allgemeinen Erdbeben auch dergleichen etwas an den
424 Küsten von Holland, England und Deutschland wahrgenommen. Ich vernehme, daß viele geneigt sind und zwar nicht ohne Grund dieses Aufwallen der Gewässer aus einer fortgesetzten Rüttelung, die das Meer an den portugiesischen Küsten durch den unmittelbaren Stoß des Erdbebens bekommen hat, her-

zuleiten. Diese Erklärung scheinet anfänglich Schwierigkeiten ausgesetzt zu sein. Ich begreife wohl, daß in einem flüssigen Wesen ein jeglicher Druck durch die ganze Masse empfindbar werden muß, aber wie haben die Drückungen der Gewässer des portugiesischen Meeres, nachdem sie einige hundert Meilen sich ausgebreitet haben, das Wasser bei Glückstadt und Husum noch einige Fuß hoch in Bewegung setzen können? Scheint es nicht, daß dorten himmelhohe Wasserberge hätten entstehen müssen, um hier kaum merkliche Wellen zu erregen? Ich antworte hierauf: es giebt zweierlei Art, wie ein flüssiges Wesen durch eine Ursache, die an einem Orte wirkt, in seiner ganzen Masse kann in Bewegung gesetzt werden, entweder durch die schwankende Bewegung des Auf- und Niedersteigens, d. i. auf eine wellenförmige Art, oder durch einen plötzlichen Druck, der die Wassermasse in ihrem Innern erschüttert und als einen festen Körper forttreibt, ohne ihr Zeit zu lassen, durch eine schwankende Aufwallung dem Drucke auszuweichen und ihre Bewegung allmählich auszubreiten. Die erstere ist ohne Zweifel nicht vermögend, zu der Erklärung der angeführten Begebenheit zuzureichen. Was aber die letztere betrifft, wenn man erwäget, daß das Wasser einem plötzlichen heftigen Drucke wie ein fester Körper widersteht und diese Drückung zur Seite mit eben der Heftigkeit, die dem anliegenden Wasser nicht Zeit lässet, sich über den wagrechten Stand zu erheben, ausbreitet, wenn man z. E. den Versuch des Herrn Carré in dem 2ten Theil * der physischen Abhandlungen der Acad. der Wissensch. pag. 549 betrachtet, der in einem Kasten, der aus zweizölligen Brettern zusammengesetzt und mit Wasser gefüllt war, eine Flintenkugel abschoß, die durch ihren Schlag das Wasser so preßte, daß der Kasten ganz zersprengt wurde, so wird man sich einigen Begriff von dieser Art, das Wasser zu bewegen, machen können. Man stelle sich z. E. vor, daß die ganze westliche Küste von Portugal und Spanien vom Capo St. Vincent bis an das Capo Finis terrae ungefähr 100 deutsche Meilen weit erschüttert worden, und daß diese Erschütterung sich eben so weit in die See

abendwärts erstreckt habe; so wurden 10 000 deutsche Quadratmeilen des Meergrundes mit einer plötzlichen Bebung erhoben, deren Geschwindigkeit wir nicht zu hoch schätzen, wenn wir sie der Bewegung einer Pulvermine gleich setzen, die die aufliegenden Kör-
425 per 15 Fuß hoch wirft, mithin im Stande ist, (laut den Gründen der Mechanik) 30 Fuß in einer Secunde zurücke zu legen. Dieser plötzlichen Rüttelung widerstand das aufliegende Wasser so, daß es nicht, wie bei langsamen Bewegungen geschieht, nachgab und in Wellen aufschwoll, sondern es empfing seinen ganzen Druck und trieb das umliegende Wasser eben so heftig zur Seite fort, welches bei so schnellem Eindrucke als ein fester Körper anzusehen ist, davon das entfernte Ende mit eben derselben Geschwindigkeit fortrückt, als das angestoßene fortgetrieben wird. Also ist in jedem Balken der flüssigen Materie (wenn ich mich dieses Ausdrucks bedienen darf), ob er gleich 200 oder 300 Meilen lang ist, keine verminderte Bewegung, wenn er als in einem Canal eingeschlossen gedacht würde, der an dem entfernten Ende eine eben so weite Eröffnung als beim Anfange hat. Allein wenn jene weiter ist, so wird die Bewegung durch dieselbe umgekehrt gerade um so viel sich vermindern. Nun muß man aber die Fortsetzung der Wasserbewegung rund um sich als in einen Cirkel ausgebreitet gedenken, dessen Erweiterung mit der Entfernung vom Mittelpunkte zunimmt, an dessen Grenze also das Fortfließen des Wassers in eben demselben Maße verringert wird; mithin wird es an den holsteinischen Küsten, welche 300 deutsche Meilen von dem angenommenen Mittelpunkte der Erschütterung entlegen sein, 6mal gringer als an den portugiesischen befunden werden, welche der Voraussetzung nach einen Abstand von ohngefähr 50 Meilen von eben dem Punkte haben. Die Bewegung an den holsteinischen und dänischen Küsten wird also noch groß genug sein, um 5 Fuß in einer Secunde durchzulaufen, welches der Gewalt eines sehr schnellen Stromes gleich kommt. Man könnte hiewider den Einwurf machen, daß die Fortsetzung des Druckes in die Gewässer der Nordsee nur durch den Canal bei Calais geschehen könne, dessen Er-

schütterung, indem sie in ein weites Meer ausgebreitet wird, sich ungemein entkräften müsse. Allein wenn man erwäget, daß der Druck des Wassers zwischen den französischen und englischen Küsten, ehe es in den Canal gelangt, durch die Pressung zwischen diesen Ländern eben so viel sich vermehren müsse, als er durch die Ausbreitung hernach vermindert wird, so wird dadurch den Wirkungen der Erschütterung an gedachten holsteinischen Küsten nichts Beträchtliches entzogen werden können.

Bei dieser Pressung der Wasser ist das Aller-
sonderbarste, daß sie sogar in Landseen, die gar *
keinen sichtbaren Zusammenhang mit dem Meere
haben, bei Templin und in Norwegen, gespüret worden.
Dieses scheinet beinahe der stärkste unter allen Be- 426
weisen zu sein, die man jemals vorgebracht hat, die
unterirdische Gemeinschaft der mittelländischen Ge-
wässer mit dem Meere zu beweisen. Man müßte sich,
um sich aus der Schwierigkeit, die dagegen aus dem
Gleichgewichte gemacht werden kann, heraus zu
wickeln, vorstellen, das Wasser eines Sees flösse wirk-
lich durch die Canäle, dadurch es mit dem Meer
zusammen hängt, beständig abwärts, weil dieselbe aber
enge sind, und das, was sie dadurch verlieren, hin-
länglich durch die Bäche und Ströme, die herein-
fließen, ersetzt wird, so könne dieser Abfluß um des-
willen nicht merklich werden.

Wiewohl in einer so seltsamen Begebenheit man nicht leicht ein übereiltes Urtheil fällen soll. Denn es ist nicht unmöglich, daß die Erregung der inländischen Seen auch aus andern Gründen könne hergekommen sein. Die unterirdische Luft, durch den Ausbruch dieses wüthenden Feuers in Bewegung gesetzt, könnte wohl durch die Spalten der Erdlagen sich hindurch dringen, die ihr außer dieser gewaltsamen Ausspannung allen Durchgang verschließen. Die Natur entdeckt sich nur nach und nach. Man soll nicht durch Ungeduld das, was sie vor uns verbirgt, ihr durch Erdichtung abzurathen suchen, sondern abwarten, bis sie ihre Geheimnisse in deutlichen Wirkungen ungezweifelt offenbaret.

Die Ursache der Erdbeben scheint bis in den

Luftkreis ihre Wirkung auszubreiten. Einige Stunden vorher, ehe die Erde erschüttert wird, hat man öfters einen rothen Himmel und andere Merkmale einer veränderten Luftbeschaffenheit wahrgenommen. Die Thiere sind kurz zuvor ganz von Schrecken eingenommen. Die Vögel flüchten in die Häuser; Ratzen und Mäuse kriechen aus ihren Löchern. In diesem Augenblicke bricht ohnfehlbar der erhitzte Dunst, welcher auf dem Punkte ist, sich zu entzünden, durch das obere Gewölbe der Erde. Ich getraue mir nicht, auszumachen, was vor Wirkungen man von ihm zu gewarten habe. Zum wenigsten sind sie vor den Naturforscher nicht angenehm, denn was kann er sich vor Hoffnung machen, hinter die Gesetze zu kommen, nach welchen die Veränderungen des Luftkreises einander abwechseln, wenn sich eine unterirdische Atmosphäre mit in ihre Wirkungen mengt, und kann man wohl zweifeln, daß dieses nicht öfters geschehen müsse, da sonst kaum begreiflich wäre, wie in dem Wechsel der Witterungen, da die Ursachen derselben theils beständig theils periodisch sind, gar
427 keine Wiederkehr angetroffen wird?

---

* Anmerkung. Der Tag des Erdbebens in Island ist im vorigen Stücke statt des 1sten Nov. auf den 11. Septembr. nach der Relation des 199. Stücks Hamb. Corresp. zu verbessern.

Gegenwärtige Betrachtungen sind als eine kleine Vorübung über die denkwürdige Naturbegebenheit, die in unsern Tagen geschehen ist, anzusehen. Die Wichtigkeit und mannigfaltige Besonderheiten desselben bewegen mich, eine ausführliche Geschichte dieses Erdbebens, die Ausbreitung desselben über die Länder von Europa, die dabei vorkommende Merkwürdigkeiten und die Betrachtungen, wozu sie veranlassen können, in einer ausführlichern Abhandlung dem Publico mitzutheilen, die in einigen Tagen in der Königl. Hof- und Akad. Buchdruckerei zum Vorschein kommen wird.

索　引

あ

秋の月（Herbstmonat）　60
アスファルト（Erdpech）　42
アーチ（Wölbung, Gewölbe）　11, 25, 42, 58
アトラクション（Attraction）　3
アナロジー（Analogie）　67
雨（Regen）　18, 62, 76, 90, 91

い

硫黄（Schwefel）　24, 31, 42, 56, 65, 77
緯度（Breite）　84
稲妻（電光）(Britz)　42, 76
引力（Anziehung）　3

う

宇宙（天）(Himmel)　6
宇宙空間（Himmelsraum）　2
宇宙進化論（Kosmogonie）　6
海（Meer, Wasser）　3, 18, 38, 61, 79, 82
閏（Einschaltung）　1
運命（Schicksal）　27, 69

え

エレメント（Element）　3, 10, 11, 15, 18, 20, 25
塩（Sal）　14, 16

お

老いた人びと（bejahrte Leute）　8
黄鉄鉱（Schwefelkies）　77
温熱浴（warmes Bad）　64

か

海峡（Meerenge）　3
海水（Gewasser）　3, 4, 32
海水運動（Wasserbewegung）　42, 44, 74
貝塚（Muschelhaufen）　38
蓋然性（Wahrscheinlichkeit）　46, 55, 61, 75, 91
海洋（Ocean）　4, 11
海湾（Meerenge）　3
カオス（Chaos）　11, 28
化学（Chemie）　24
確証（Bestätigung）　81, 85
火山（Vulkan）　25
風（Wind）　79
火星（Mars）　74
河川（Strom, Fluß）　12, 18, 21
カタストロフィ（Katastrophe）　61, 67
神（Gott）　37, 68
雷（Donner）　78
観察（Beobachtung）　27, 90
干潮（Ebbe）　72

き

幾何学（Geometrie）　91
季節（Jahreszeit）　60
北（Norden）　53, 61, 62, 81
金星（Venus）　74

く

空気（Luft）　11, 21, 79

空洞（Höhlung, Höhle）　11,19,28,38

け

経験（Erfahrung）　77,81,85
形而上学（Metaphysik）　91
ケーニヒスベルク週報（Wochentliche Königsbergsche Anzeigen）　45
原因（Ursache）　10,27,28,31,34
研究（Untersuchung）　27
健康改善（Beförderung der Gesundheit）　64
懸賞（Preis）　1
原則（Regel）　90

こ

講義（Vorlesung）　79
考察（Betrachtung）　37,71
鉱山（Bergwerk）　38
洪水（Überschwemmen）　13
心の改善（die Besserung des Herzens）　40

さ

サイド（Seite）　1,2,3,6,13,20,63,69,80,81
災害（Unglücksfall, Unglück）　40,69
災難（Heimsuchung）　37
朔（Conjunction）　73

し

死（Tod）　10,19
塩辛さ（Saltigkeit）　14,16,48
四季（Jahreszeit）　1
子午線（Meridian）　83
磁石（Magnet）　63,77
地震（Erdbeben）　25,27,28,29,31,37,40,42,48,52,60,63,71
地震動（Erschütterung）　27,28,29,30,31,44,50,53,71,74
自然科学（Naturwissenschaft）　24,66,72,77,86,91
自然科学者（Naturforscher）　25,27,31,35,89
自然史（Naturgeschichte）　6
自然誌（Naturbeschreibung）　37
軸回転（Achsendrehung）　3,84
軸の回軸（Umdrehung um die Achse）　1
支那（China）　88
酒石（Weinstein）　21
重力（Schwere）　11
衝（Opposition）　73
障害（Hindernis）　2
硝石の精気（Salpetergeist）　41
植物界（Pflanzenreich）　10
震動（Erschütterung）　37,50,52

す

水銀（Quecksilber）　21,87
数学（Mathematik）　91
スミルナ（トルコのイズミット）（Smyrna）　59

せ

正弦（Sinus）　84
整然さと美しさ（Ordnung und Schönheit）　11
西風（Westwind）　87
赤道（Äquator）　39,40,82,83,84,88,89
摂理（Ökonomie）　10
前兆（Vorbote）　41

索　　引

そ

速度（Schnelligkeit, Geschwindigkeit） 2,4,84

た

大気（Atmosphäre） 35,60,62,79
大気圏（Luftkreis） 34,35,60,61,62,71,83
大気層（Luftgegen） 79,80,82
タイトル（Titel） 6
太陽（Sonne） 3,61,75,86
大洋（Ocean） 3
高潮（Aufwallung） 3,43,49
妥当性（Gultigkeit） 20
弾性（Elasticität） 80
暖竹（Rohr） 30,64

ち

地球（Erde） 1,2,3,7,37,61
地球の運動（Bewegung der Erde） 2
地図（Karte） 67,81,90
チョウジ（Würznelk） 39
徴候（Merkmal） 17
懲罰（Rache） 66,68

つ

月（Mond） 3,5,61,73,75

て

抵抗（Hindernis） 5
鉄（Eisen） 77
哲学者（Philosoph） 4
鉄鉱石（Eisenerde） 42
鉄のやすり屑（Eisenfilig） 31
電気（Elektricität） 24
天候（Witterung） 61
電光（稲妻）(Britz） 42,76

と

東風（Ostwind） 85
動物界（Thierreich） 10
動揺（Rütterung） 44
土壌（Erdklumpen） 4

な

凪（Windstille） 88,90
夏（Sommer） 40
南西風（Südwestwind） 87
南風（Südwind） 84

に

ニクズク（Muskat） 39
日本（Japan） 87,88
鶏（Vogel） 34
人間種属（menschliches Geschlecht） 2,9,37,69

ね

ねずみ（Ratz） 35
熱（Hitze, Wärme） 79,80

の

ノアの洪水（Sündfluth） 38

は

発火（Entzündung） 53,55,60
破滅（Verderben） 20
ハリケーン（Orkan） 90
パリ王立科学アカデミー（die Königliche Akademie der Wissenschaften zu Paris） 53,59,73
バロメーター（Barometer） 62,87,91

ひ

光の度合（die Grade des Lichtes） 66
肥沃さ（Fruchtbarkeit） 13

ふ

副行運動（Collateralbewegung） 83,86
普遍的可能性（allgemeine Möglichkeit） 30
冬（Winter） 40,61
プリンキピウム（Principium） 15
プロダクト（Productio） 21

へ

ベルリン王立科学アカデミー（die Königliche Akademie der Wissenschaften zu Berlin） 1
便所（Ort） 65
変遷（Geschichte） 28,40

ほ

方向（Richtung） 56
報告（Geschichte） 37,38,46,56
法則（Gesetz） 81,88
北極光（Nordlicht） 61
北東風（Nordostwind） 62,87
奔騰（Aufwallung） 32

ま

満潮（Fluth） 72

み

水（Wasser） 31,77
満ち潮（fluthendes Wasser） 4
密度（Dichtigkeit） 4,76,79
南（Süden） 53,62,90

む

昔（ehedem） 38

め

メカニズム（Mechanismus） 10

も

木星（Jupiter） 74
モンスーン（Monsun） 88

や

山羊座（磨羯宮まかつきゅう）（Steinbock） 89
山（Gebirge） 30,38,77

ゆ

夢（Traum） 78
揺れ（Schwankung, Schaukelung） 58,59,76

よ

溶岩（Lava） 56,77
余弦（Kosinus） 84
余震（Fortsetzung des Erdbebens） 16

ら

雷雨（Ungewitter） 76
雷雲（Wetterwolke） 91
乱雑になる（wusten） 9

り

硫酸（Vitriolöl, vitriolische Säure） 31
利得（Nutzen） 63
利得性（Nutzbarkeit） 63
理論（Theorie） 79

れ

歴史（Historie）　1,5

ろ

老化した（veralte）　7
論理学（Vernunftlehre）　91

わ

惑星（Planet）　3,72,73,75